◎ 王文生 主编

小微型果蔬贮藏保鲜设施技术指导

中国农业科学技术出版社

图书在版编目（CIP）数据

小微型果蔬贮藏保鲜设施技术指导 / 王文生主编 . —北京：中国农业科学技术出版社，2017. 4

ISBN 978 - 7 - 5116 - 3011 - 7

Ⅰ. ①小…　Ⅱ. ①王…　Ⅲ. ①水果 - 食品贮藏②蔬菜 - 食品贮藏③水果 - 食品保鲜④蔬菜 - 食品保鲜　Ⅳ. ①S660. 9②S630. 9

中国版本图书馆 CIP 数据核字（2017）第 050793 号

责任编辑　闫庆健　鲁卫泉
责任校对　马广洋

出 版 者　中国农业科学技术出版社
北京市中关村南大街 12 号　邮编：100081
电　　话　(010)82106632(编辑室)　(010)82109702(发行部)
(010)82109709(读者服务部)
传　　真　(010)82106625
网　　址　http://www.castp.cn
经 销 者　各地新华书店
印 刷 者　北京昌联印刷有限公司
开　　本　850 mm ×1 168 mm　1/32
印　　张　10. 625
字　　数　276 千字
版　　次　2017 年 4 月第 1 版　2017 年 4 月第 1 次印刷
定　　价　20. 00 元

《小微型果蔬贮藏保鲜设施技术指导》

编 委 会

主编　王文生

参编　于晋泽　闫师杰　石志平
　　　纪海鹏　董成虎　陈存坤
　　　贾　凝　高元慧

序 言

冷藏是果蔬冷链体系中的主要环节之一，在实现果蔬低温贮运保鲜过程中起着至关重要的作用。果蔬的生产性贮藏或周转性贮藏都需要适宜的贮藏温度和相对湿度做保障，易腐难藏的高附加值果蔬还需要精准控温贮藏，因此，以冷库为代表的果蔬贮藏设施是果蔬低温仓储的重要场所。此外，有效利用自然冷源，实现果蔬的节能、低碳、低成本贮藏，迫切需要进一步提升传统设施的先进性和管理的科学性。

果蔬贮藏设施主要包括简易贮藏设施、机械冷库、气调贮藏库和减压贮藏设施等。随着我国经济快速发展，消费者对包括果蔬在内的食品品质要求不断提升，市场对果蔬保鲜的需求日益增长，发展的大趋势是构建无缝化冷链系统。机械冷藏作为冷链的重要环节，已成为果蔬保鲜贮藏设施发展的主流；而有效利用自然冷源实现果蔬的节能、低碳和低成本贮藏，也是符合我国国情的重要果蔬保鲜贮藏方式。

我国果蔬总产量居全球第一位，但冷链普及率很低，果蔬产后损失严重。近年来，在国家财政部、农业部及各地政府的大力支持下，果蔬产地的农民与专业合作组织建造小型和微型冷库的积极性很高、发展势头迅猛，建成的小微型冷库在果蔬产后保鲜中发挥了不可替代的作用。但同时存在贮藏设施设计建造不尽合理，制冷运行不够安全、不够节能的状况，亟待有效解决；产地果蔬贮藏经营管理者对冷藏设施的使用、维护与管理水平也普遍需要提高。

国家农产品保鲜工程技术研究中心自组建以来，一直围绕我国产地及农村果蔬贮藏技术与配套设施开展研究，在果蔬微型冷库、冰温库、简易减压设施、通风设施、库房消毒设施等方面获得了一系列研究成果和专利。30 多年来，一直致力于果蔬采后贮运保鲜设施与技术研究和推广的王文生研究员，具有扎实的理论基础，对我国果蔬产地贮藏设施与技术十分精通，对果蔬小微型冷库在建造、使用、维护与管理中的问题进行过大量调研，他与国家农产品保鲜工程技术研究中心的研究人员及相关院校的教授和老师，共同编写了这本《小微型果蔬贮藏保鲜设施技术指导》。该书既具有科学性、实用性、可读性强的特点，也体现了果蔬采后贮运保鲜研究领域的科技工作者不懈努力、求实创新的探索精神，是一本面向基层读者、注重实际应用、涵盖内容丰富的优秀专业书籍。

科学技术研究要与时俱进，工程技术成果需推陈出新，我期待更多致力于果蔬采后贮运保鲜、冷链技术研究的中青年学者能够既往开来，锐意创新，用辛勤、智慧和奉献，不断完善和提升我国果蔬采后贮藏设施与技术的研究水平，不断促进我国果蔬产业提质增效和可持续发展。

朱明

农业部规划设计研究院　研究员

2017 年 1 月于北京

前 言

我国是世界水果生产大国。据《中国农业年鉴》数据（未包含台湾、香港和澳门数据），2015 年我国果园面积约 1 266 万公顷，水果总产量为 1.7 亿吨；蔬菜播种面积为 2 199.9万公顷，总产量 7.85 亿吨（含菜用瓜和果用瓜），两者合计产量约 9.6 亿吨，并连续多年遥居世界首位，果蔬总产量已远远超过我国粮食总产量。果蔬产品的国内国际市场流通量，也遥遥领先于粮食。可以说，果蔬产业无论从产量和产值上都是我国种植业的第一大产业。

果蔬从种植、采收及采后的包装、贮藏、运输、加工等，都需要很多的手工作业，属劳动密集型产业。在发达国家和地区的市场上，果蔬价格通常高于粮食价格，甚至是粮食价格的数倍。因此，无论从满足人民的膳食营养需求还是从出口创汇来看，果蔬生产及产后的贮运保鲜都是农业生产的重要组成，果蔬是我国最具出口潜势的农产品种类之一。

然而，我国果蔬在采摘、运输、储存等环节上的平均损失率仍高达 20% 以上，与发达国家果蔬采后 5% 以下的损失率相比，我国果蔬的产后损失还相当严重。粗略概算，我国每年果蔬的损耗量约 2 亿吨，价值数千亿元。

我国果蔬采后损失巨大，究其原因除了产前标准化生产程度低、质量参差不齐等产前因素外，产后物流过程中预冷环节薄弱、冷链集成程度差及普及程度低、冷库分布不均一、能耗高且安全性差等是主要的影响因子。而在冷链体系中，冷藏环节是主要节点之一。这也是因为现代果蔬贮运保鲜，低温的效应在整个环节中起着最重要的作用。以冷库为代表的贮藏设施是果蔬低温仓储的重要场所，果蔬的生产性贮藏或周转性贮藏都需要适宜的贮藏温度和相对湿度，易腐难藏的高附加价值果蔬还需要精准控温控湿贮藏，而产地的许多中小型贮藏库设计建造不合理、不安全、不节能的状况亟待提升，产地果蔬贮藏经营管理者对冷藏设施的使用、维护水平也需要提高，有效利用自然冷源实现果蔬的节能低碳低成本贮藏，也需要进一步提升设施的先进性和管理的科学性。

为此，作者在对果蔬贮运保鲜研究成果和应用效果综合分析的基础上，进一步归纳总结了我国近年来在果蔬贮藏保鲜设施开发应用方面的新成果和新技术，突出了现代果蔬保鲜冷链设施的重要性，并以我国果蔬贮藏小微型企业、农村专业合作组织、农户和果品流通经营者为主要服务对象，重点介绍微型和小型冷库、气调库，以及制冷基本原理、主要设备和相关基础知识。在强调绿色、环保和安全理念的前提下，结合目前我国国情，倡导科学有效利用自然冷源，以简易冷链弥补当前因受经济条件制约而不足的现代冷链模式的普及。

该书是在 2004 年出版发行的《果蔬保鲜贮藏设施的建造使用和维护》的基础上进行修订编著的。在过去的十几年时间里，制冷技术、气调技术、检测和控制技术等都有快速发展和提升，产贮地对果蔬贮藏保鲜设施的形式和使用等也提出了新的要求，现代电商等营销模式也需要冷藏保鲜设施的快速跟进。所以，该次修订不仅在章节的编排上有所变化，还在内容上也做了较多的补充、完善和删减，同时引用了相关的新标准、新规范。

对该书稿的编写修订，编者们本着深入浅出，通俗易懂，实用明了，内容先进的原则，既有分工又紧密配合，随时交流讨论，对所引用的图表、设计方案、工艺流程、工程技术参数等反复核定，并力求将一些“科学合理办得到、经济省钱推得开、效果突出看得见”的实用设施及配套使用技术编入该书，方便小微企业和农村专业合作组织应用，尽力使该书所展示的内容既具有先进性又突出实用性和针对性。

该书主编王文生研究员，连续从事果蔬贮运保鲜教学与研究近 35 年，特别是在国家农产品保鲜工程技术研究中心从事科学研究与技术服务的 16 年中，坚持理论与实践紧密结合，有严谨务实的工作作风，现兼任中国制冷学会冷链专业委员会委员、天津市制冷学会常务理事；编者闫师杰为天津农学院教授，多年来一直教授制冷学课程，编著出版了《制冷技术与食品冷冻冷藏设施设计》等高校教材；于晋泽博士是国家农产品保鲜工程技术研究中心的高级工程师，长期从事冷库及预冷设备的设计，并参与了许多果蔬保鲜库制冷工程的施工，具有较丰富的制冷工程技术实践经验；国家农产品保鲜工程技术研究中心的纪海鹏硕士毕业于俄罗斯圣彼得堡国立低温制冷与食品技术大学，制冷理论功底较扎实；石志平高级教师、董成虎助理研究员、陈存坤副研究员，均参与了该书的编写修订；贾凝和高元慧助理研究员对本书的资料收集、图表编辑、文字校对做了大量工作。

特别需要提出的是：农业部规划设计研究院朱明院长在百忙之中为本书做序，并对该书的编写内容给予了热情的指教；北京制冷学会徐庆磊教授级高工对安全节能的相关内容给予了修改和指正；山西农科院农产品贮藏保鲜所张立新所长，就书中自然冷源利用、小微型冷库安装及维护使用等内容，提出了切合产地的良好技术及建议；甘肃农科院农产品加工所田世龙研究员，提供了马铃薯通风贮藏库设计建造的图片和资料；天津金九环制冷有限公司刘荣工程师、杨寿发工程师、张耀斋工程师对本书的间接冷却系统、地上式大型马铃薯自动通风贮藏库及并联机组等内容提出了良好的修改建议。在此一并表示衷心的致谢。

本书共分八章。第一章通过简要介绍国内外果蔬冷链设施与技术发展概况，使读者对果蔬冷链的重要性、发展现状有一概括了解，并重点阐述了预冷环节、冷藏环节、冷藏运输环节和冷链末端环节是果蔬冷链的 4 个节点。第二章至第五章重点介绍了果蔬保鲜机械冷库的设计与建造、果蔬冷库制冷系统与设备、制冷工质及果蔬保鲜气调库。鉴于我国地域辽阔，自然冷源比较丰富，加之农村和农民的总体经济水平还不高，所以第六章也将果蔬利用自然冷源贮藏设施及配套技术作为专门一章，并以大宗果蔬中的苹果、柑橘和马铃薯为例进行了阐述。节能降耗、绿色低碳既是我国经济可持续发展的要求，也是降低贮藏成本的重要途径，第七章做了专门论述。为了方便农村和产地所建造的小微型冷库常见故障的自行排除，第八章对小型制冷装置常见故障的分析和排除做了简要介绍。通过收集整理，对果蔬贮藏设施建造、使用中的部分数据在书后汇编了 32 个附录，以期对读者查阅主要相关资料提供方便。

该书是在各位编者多年从事制冷工程实践和管理、果蔬贮运设施与技术研发工作的基础上，同时参考了大量的专著和技术资料、标准的前提下完成的。借此机会，向这些参考文献的作者及同仁以及由于篇幅所限没有列入的作者及同仁表示真诚的感谢。

编写一本科学性、实用性、可读性强的果蔬贮藏设施建造、使用与维护书籍，是编者们的心愿，也是当前我国水果贮运保鲜产业技术普及与提升的需求，更是相关读者的期盼和心愿。所以，编者们丝毫不敢懈怠，尽心尽力，反复推敲。

但书中的一些论述、参数及工艺，难免有欠妥或不完善之处，甚至个别地方难免会有疏漏和错误。不足之处，恳请读者批评指正。

王文生

2017 年 1 月

目 录

第一章　国内外果蔬冷链设施与技术发展概况

我国与发达国家在果蔬冷链总体水平上存在较大差距，特别是冷链的“最初一公里”和“最后一公里”十分薄弱，冷链断链现象也十分严重。冷链物流行业仍处于发展初期，专业化的分工尚未形成。发达国家果蔬采后平均损耗率约为5%左右，而我国平均高达20%以上。支撑果蔬冷链物流的硬件主要指预冷、冷藏、冷藏运输等设备，软件主要是指冷链相关的标准体系、冷链组织管理、冷链配套工艺与技术等。实现果蔬冷链的四个主要环节是预冷、冷藏、冷藏运输和批发零售终端冷链，对应的设施是预冷装置、冷库、冷藏运输设备（冷藏车、冷藏船、冷藏集装箱等）及终端批发零售冷藏设备。

一、预冷环节

预冷在果蔬采后贮运过程中，特别是易腐难藏果蔬冷链中的重要性早已由研究和生产实践所证实，在发达国家和先进地区对果蔬采后预冷高度重视并普遍商业化应用，已经成为果蔬冷链中保持品质、延长贮运期的重要环节。采用的预冷形式主要是压差预冷、真空预冷和冷水预冷。

但是果蔬采后预冷在我国目前仍是冷链中的薄弱环节，

也是制约果蔬品质保持和延长贮运期的重要瓶颈。果蔬预冷技术在我国应用普及率低的原因主要有：①目前国内消费市场对果蔬产品质量管理体系不够规范和完善，缺乏优质优价严格的制约机制和市场氛围，有时增加预冷环节带来的收益不足以抵消所耗费的成本；②专业预冷设备的投资和运行成本较高，不少用户和企业就目前的经济水平难以承受预冷所增加的成本；③预冷设备、配套包装和工艺技术的研发存在碎片化现象，预冷技术在生产应用中的工程化配套水平不高；④一些采后贮运经营者对预冷在保持果蔬品质和延长贮运期的重要性，特别是对预冷在易腐难藏果蔬贮运中作为首要环节和最重要环节，缺乏足够的认识和理解，试图通过一些简易的方式加以弥补。

国内预冷设备的开发与应用、专用预冷库的建设、规范配套的预冷包装和工艺、不同果蔬预冷操作规范等都不够完善，有的甚至缺失。目前除了出口果蔬能基本实现标准预冷要求外，国内市场预冷的少量果蔬主要集中在一些附加值较高且高度易腐的产品上，如各种食用菌、蓝莓、草莓、樱桃、远距离运输的特色浆果类和核果类水果及特色蔬菜等。一些果蔬在预冷过程中并未使用专用设备或工艺，而是采用普通冷库预冷，因此预冷时间较长，鲜度损失较重。产地不少贮藏户、果蔬经营者或专业合作社等，仍认为果蔬入贮前放置在冷凉处、或塑料薄膜袋包装的果蔬在冷库降温直至封口前的过程就是预冷，而对标准预冷所内涵的“及早”（采后几小时）、“快速”（预冷几十分钟至几小时）往往被忽视。流通过程中不经过预冷的果蔬热货装车、热货进库、热货流通仍居国内贮藏和流通的主流。

二、冷藏环节

冷藏库发展的主流方向是大型化，这是因为大型冷库更加适合现代物流的发展，也更加环保、安全和节能。冷藏库发展的具体表现形式为：货架逐步替代传统的散堆模式；单层组合式冷库逐渐成为建造冷库的主流形式；外保温组合式冷库将在我国兴起并逐步普及；全自动冷库作为超大型冷库将会越来越多。

国内外在冷藏设施和技术方面最主要的发展体现在：立体自动化冷库的应用、制冷系统的计算机智能控制、节能设计和节能技术的应用及环保新材料与新技术等应用。

1. 立体自动化冷库

立体自动化冷库是指，在采用预制装配式隔热围护结构的单层冷库内（库高一般为15～30m），设有轻型钢制的多层高位货架，供放置托盘存放货物所用，托盘的装卸依靠巷道式堆垛起重机，根据电子计算机的指令在库内进行水平和垂直移动，可从指定的货格中取出或放入货物托盘，并用平面输送带进行货物进出库的自动化操作。自动化冷库的顶部，一般装有吊顶式冷风机和假顶，也有的在两侧设有进出风道，使冷空气在室内均匀循环。制冷机运行及温度调节均由电子计算机根据冷负荷参数变化自动调节。

立体自动化冷库库内钢制货架一角见图1－1。

立体自动化冷库的突出优点是：库内装卸和堆码作业、制冷设备运行和温度控制全部实现自动化；可确保库存商品

图 1－1　立体自动化冷库库内钢制货架一角

实现“先进先出”管理，有利于保证商品贮藏质量；装卸作业迅速，吞吐量大；采用计算机管理，能随时提供库存货物的品名、数量、货位和库温履历、自动结算保管费用和开票等，提高了管理效率，大大减少了管理人员数量。缺点是建设周期长，初投资很大，对操作管理技术人员的水平要求较高，执行装备、电子控制元器件质量要求高，必须满足在低温下稳定可靠工作的要求。

与普通冷库相比，采用高层货架和自动化管理系统的全自动冷库，虽然造价很高，但是大大提高了仓库的单位面积利用率，提高了劳动生产率，降低了劳动强度。因为对于装配式冷库，层高越高，单位体积的造价越低，比如 10m 层高变为 15m 层高，造价提升约 15%，但库容提高 50% 左右。对于装配式冷库，层高越高，单位面积上的货位数越多，单个货位分担的土建成本更低，单托的综合造价越低，这也是近几年全自动冷库快速发展的原因。

立体自动化冷库代表的是冷库发展的趋势，但并不是应用在果蔬贮藏保鲜上的主体冷库形式。近年来我国建造的一些立体自动化冷库主要用于冷冻食品等的贮藏。

2. 智能控制、节能技术及环保新材料应用

近年来制冷系统的计算机智能控制，在我国也得到了极大的重视和研究应用。通过传感技术、自动控制技术、网络平台技术等，将制冷系统关键部位和部件的压力、温度、液位、风速、电流、电压等参数进行测定，并根据优化的程序进行自动调控，实现系统的安全节能运行。

通过自主创新、集成创新或引进消化吸收再创新，节能设计、节能技术、环保新材料及新技术在我国得到了广泛的推广和应用。一批新型控制设备、新材料及新技术逐步应用到果蔬冷藏库及冷冻库，如聚氨酯隔热夹芯板、挤塑型聚苯乙烯泡沫保温板的广泛应用；采用变频技术，实现压缩机、风机、水泵和氨泵等的变频调节，使设备可根据实际的工况做出调整，减少耗电量；采用并联机组、蒸发式冷凝器等，在近年来的节能实践中，已成为理想高效的节能技术之一；在较大负荷的冷库，推荐热气融霜和水融霜作为主要的融霜方式，等等。

3. 近年来我国冷库发展相当迅猛，主要以组合式冷库为主

初步估计截至 2015 年年底，全国冷库拥有量已达 3 600 万 t 左右，其中果蔬冷藏量 1 750万 t 左右。但是总体来讲，我国人均冷库占有容量很低，地域发展不平衡，冷库利用效率有较大提升空间。在冷库安全、节能、综合服务能力等主

要方面，与发达国家相比还存在很大差距。

●4. 果蔬气调贮藏所占比例还较低●

果蔬气调贮藏是以冷藏为基础的调节气体贮藏。在美国、英国、法国、意大利等发达国家，气调贮藏量约占苹果、西洋梨、猕猴桃等适宜气调贮藏水果总冷藏量的60%以上，配合完善的冷链体系保证，使得所贮藏的水果不仅有良好的感官品质，内在营养素的保持也明显优于普通冷藏的果实。发达国家在果蔬生产、贮运、经营方面，走得是一条标准化程度高、设施投入高、技术含量高、贮藏运品质高及收益回报高的模式。正像国内外一些专家指出的那样，建造果蔬气调库，库体和设备投资都较大，且要求较高的气密性，发达国家和地区气调贮藏之所以普及，其主要原因是气调贮藏的果品比普通冷藏果品售价要高得多，优质优价体系和较高的消费水平，使气调库经营具有良好的经济效益，完全可以抵消气调贮藏高投入和较高能耗的缺陷。

我国气调贮藏的主要水果种类包括苹果、香梨和猕猴桃等气调贮藏效果很好的水果，如山东出口红富士苹果的气调贮藏、新疆库尔勒香梨和陕西猕猴桃的气调贮藏。但是我国气调贮藏的水果所占比例仅为水果冷藏量的百分之几，蔬菜气调贮藏量更少。

●5. 小微型冷库发展很快●

近年来，我国果蔬冷库总库容迅速增长，在经济相对发达地区，建造了许多贮藏容量大、自动化程度高、新设备及新材料和新技术等配套应用度高的大中型冷库；在果蔬流通集散地，中小型冷库（包括部分气调库）逐年大幅增加，如山东省金乡县、苍山县及其周边等地区建造的大蒜和蒜薹贮藏库（贮藏量一般为2 000t左右），陕西省眉县及周至县建造的猕猴桃贮藏库，河北藁城及巍县的梨贮藏库等等；在大宗水果和特色果蔬集中产区，一批投资少、建造快、效益较好的小型和微型冷库大量涌现，如辽宁省北镇市和盖州市等葡萄集中产区建造的微型葡萄贮藏库（贮藏量一般为20～100t），并在全国葡萄产地得到辐射推广。小型和微型冷库多半是农民、果蔬贮运专业户或专业合作组织投资兴建的冷库，这些冷库与正规大中型冷库相比，尽管在设计、建造、节能和安全方面，尚存在诸多需要改进和提高之处，但是在调节果蔬产销矛盾、延长供应期、稳定和增加农民收益等方面正发挥着积极的作用，可作为我国产地果蔬冷库的重要组成部分。

综上所述，目前我国冷藏行业集中度较低，企业分散且规模较小，但发展速度较快。为进一步健康快速发展，除应在技术层面创新外，依赖于国家法律法规及行业标准的进一步健全和完善，依赖于农业合作组织的成熟完善以及政府的扶持，经过较长期的竞争、淘汰和整合，最终会向集中化方向发展，并提升管理、效益和服务水平。

三、冷藏运输环节

国际上通常把易腐货物运输量中采用冷藏运输所占的比率称为冷藏运输率，以此作为衡量冷藏运输发展程度的标志。欧洲各国及美国、日本等发达国家的冷藏运输率为80%～90%，东欧国家为50%左右，而发展中国家一般仅有10%～20%。

在冷藏运输方式方面，国内外公路冷藏运输的运量占冷藏运输总量的比例均在不断上升，欧美各国和日本达60% ~ 80%，美国达80% ~90%，在易腐货物冷藏运输的周转量中，欧洲各国及美国、日本等国家，公路运输比率均在60%以上。近年来我国冷链运输发展也很迅速，公路冷链运输占货物运输总量的份额持续上升，运输装备的保有量逐年快速增加。据中国冷链物流发展报告，2014 年我国冷藏汽车保有量约7.6 万辆，以轻型冷藏汽车为主。

冷藏运输环节应与冷藏环节紧密衔接，以避免断链，实现无缝化冷链。近年来国内外提倡和实施的“门对门”冷藏运输模式，宏观上讲是指货物从发货人门中出来，中间不经过任何换装作业，直接进入收货人的门中，可见“门对门”运输是指直达运输形式；从微观上讲指的就是出冷库的货物要迅速进入冷藏车，或者出冷藏车的货物要迅速进入冷库，通过低温缓冲间使两者的门对接起来，即可有效保障冷链的无缝化。

由于冷藏汽车运输的高度机动性，所以汽车运输是实现“门对门”运输最常用的方式。冷藏汽车和冷库“门对门”装卸模式见图 1 – 2。

铁路运输具有环保、节约能源、安全稳定等优势，我国铁路冷藏运输的模式正在创新，随着我国铁路 18 个集装箱中心站和 33 个办理站的建成开通，铁路集装箱运输的骨干网络已经形成。利用高速铁路开展冷藏集装箱运输，一方面可充分利用线路的运输能力，使高速铁路的运输收益最大化，另一方面可以结合高铁运营特点，避免冷藏箱加油问题，满足

图1－2　冷藏汽车和冷库“门对门”装卸模式

易腐货物对时效性的要求，从目前的基本硬件条件和运营组织方式来看，高铁线路开行冷藏箱运输业务是可行的，可望在不久将来实现。

国内特色果蔬、进口果蔬的航空冷藏运输量也逐年大幅增加，这对提供质量优良、种类丰富的水果，满足高消费人群的需求，凸显了时空效应。进口水果，一般情况下都是空运，时间短，对于量很大的进口商来说，进口方式一般是冷藏海运，因为运输成本会少很多。

但总体来看，我国果蔬的冷藏运输还处于初级阶段，果蔬经冷库降温后采用简易保温运输或不经过降温直接常温运输还非常普遍，由于冷藏运输成本还远高于常温运输成本，严重制约了冷藏运输的快速普及，一些企业即使采用冷藏运输，依然存在着运输集中度不高，专业服务能力不强，运输效率低、成本高、标准服务理念亟待提高等诸多问题。

四、冷链末端环节

在我国大中城市的一些较大的超市、特色水果销售店，部分易腐食品和果蔬销售过程中采用了冷藏货架或冷柜，但是与大宗常温消费的食品和果蔬量相比，几乎可以忽略。随着我国生鲜易腐食品线上线下销售模式的快速发展和完善，称为“冷链最后一公里”的冷链末端环节（即易腐果蔬从批发或零售店到达消费者手中的过程）装备和技术的研发、特别是与冷链宅配配套的冷藏运输设备和技术研发，正成为产业推求的热点课题。为了满足上述需求，一些企业正致力研发集制冷与保温蓄冷功能一体的冷链宅配冷藏运输设备，并通过优化设计以满足市场的需求。见图 1－3。

我国是果蔬生产、消费和出口大国，也是果蔬采后损失率较高的国家。“十三五”期间国家对冷链物流产业的政策支持和鼓励力度将持续增加，消费升级和对食品安全的关注度显著加强，以及农产品品牌理念的强化，生鲜电子商务“爆发式”增加和线上线下的结合，使得冷链物流的普及更加迫切，链条被拉得更长。无论是传统的线下批零市场，还是线上的现代的电商销售，冷链对保质增效的重要性和必要性越来越被人们深刻认识，这些都将成为未来我国果蔬以预冷、冷藏、冷藏运输和冷链末端为主要环节的冷链发展的巨大驱动力，通过产业和市场拉动、科研推进和政府支持及调控，未来十年我国果蔬冷链设施和技术将有突飞猛进的发展。

图 1 – 3　制冷与保温蓄冷功能一体的
冷链宅配冷藏运输设备

第二章 果蔬保鲜机械冷库的设计与建造

果蔬保鲜机械冷库的基本组成部分包括冷库库房、制冷系统、电控部分及附属性建筑物等。

果蔬保鲜机械冷库，是指具有一定隔热性能和强度等要求的低温仓储库房，可为贮藏保鲜的果蔬提供空间，它的作用是实现并保持不同果蔬贮藏所要求的适宜低温稳定。冷库良好的隔热保温和隔汽防潮结构，可以最大限度地保持库外热量尽可能少向库内渗漏，这也是冷库与一般工民建房屋的主要不同之处。当然，冷库作为永久性特殊仓储建筑，在总体设计、选址、建设要求和建造工艺等方面都有相应的特殊要求。

一、果蔬机械冷库设计和选址原则

(一)设计总体要求

我国冷库容量的商业划分一般分为大、中、小3种类型。按照冷库设计规范GB50072—2010的基本规定划分，公称容积大于20 000 m^3为大型冷库，20 000～5 000 m^3为中型冷库，5 000 m^3以下的为小型冷库。近年来由于产地农民和农村专业合作组织建设的果蔬冷库的容积多数在几十立方米至几百立方米之间，这样大小的冷库在非专业人员和一般冷库经营者看来就是小型冷库，而将千吨以上的冷库常认为是大中型冷库。

果蔬机械冷库特别是大中型冷库，作为一种永久性建筑，一旦建成就不会轻易改动和拆除，故建库前要作妥善规划设计。规划设计时必须考虑以下几个主要方面：①选择库址；②库体形式、容量和净高；③冷库的结构；④库房的热负荷计算；⑤制冷系统的及附属设备的选择；⑥库门设置和库内通风换气等。

除了考虑上述内容外，果蔬机械冷库特别是大中型冷库设计要遵循以下基本要求：结构坚固，能满足常年使用；符合生产工艺流程要求，物流、冷流的运输线路要尽可能短，避免迂回和交叉；尽量减少建筑物的外表面积以减少热量漏入；贮藏间的大小和高度应适应建筑模数、贮藏商品包装规格和堆码方式等要求；冷间应按照不同的贮藏温度要求分区或分层布置，等等。

(二)选择库址

果蔬贮藏库的合理规划和设计，直接关系到果蔬贮户或企业的生产经营效果，库房建造前选择库址必须认真研究，反复比较，合理安排。较大的冷库在选择库址时，应依据当地的资源状况、经济文化状况、能源及水源状况、交通运输状况、区域环境状况等因素进行综合考虑。一般应满足以下原则：①就近原则。根据冷库主体功能，尽量靠近果蔬产地、集中产区、大中城市或工矿区等集中销地；②便利原则。要求有便利的交通运输条件，较为充裕的水源和一个可靠稳定的电源，且地形开阔，留有一定的发展空间；③良好环境原则。库址周围应有良好的卫生环境，远离排放有害气体（包括乙烯、丙烯等促进果蔬成熟衰老的气体）、烟雾、粉尘等的厂矿企业；④大中型冷库选址时，要对库址的地形、地质、洪水位、地下水等情况进行认真调查和必要的勘探分析；⑤多层冷库的地耐力要求应不小于15t/m^2，库址处的地下水位应低，库址处的标高应高于附近河流最高洪水位0.5m，以便生产废水、生活污水、地表雨水等自流排放。

(三)冷藏间外形、净高及建筑面积的确定

在选好库址的基础上，应根据允许占用土地面积、工艺流程、装运方式、设备管道以及生产规模等，确定冷藏间的建筑外形、建筑面积及库内净高等。

1. 冷藏间外形

在获得相同冷库容积的前提下，为了减少库外热量向冷库内侵入，理论上冷库的外形最好是正方体，因为在同样容积的情况下，长宽比越大，围护结构的外表暴露面积就越大，室外热量向冷库内侵入的机会就越大。但是外型为正方体的冷库在实际操作和使用中有很多不便。所以，合理的方案应是在满足工艺流程和使用要求的基础上，尽量缩小冷藏间的长宽比，以减少围护结构的外表暴露面积。

2. 冷库层高和净高

确定冷库层高、净高的总原则，需按生产实际需要及库房空间使用的合理性和经济性进行。

多层冷库冷藏间层高一般均≥4.8m，机械堆码的单层冷库净高一般为5.5～7.0m，如采用巷道或吊车码垛的自动化单层冷库不受此限制。

确定净高取决于设计堆货的高度，同时应考虑货堆顶端与平顶或梁底、货堆顶端与排管或均匀送风道出口均应留有一定的距离。

目前，农民建造的微型冷库，货物码垛均是人工进行，库内净高一般要求在3.2～3.5m。除了地面垫板高度0.12～0.14m、冷风机出风空间至少留0.6m，堆放货物所占高度为2.4～2.7m。如果是利用普通砖混结构房屋改造成微型冷库，受原有房屋高度限制，净高通常不宜低于2.8 m，否则货物所占高度低于2.0m，有效利用空间太少，建造的性价比较低。

一些小微型冷库，为了最大限度提高利用空间和投资效益，也有设计成层高5m以上的，通过钢结构搭架、铺设木板分成上下两层，底层的货物直接进出，上层的货物则用小型电动葫芦提升，上下两层的货物均是人工摆码。这种方式，一来可以减少因包装箱承重不足对产品造成的挤压损伤，二来冷库的单位投入贮藏量较高。见图2－1。

3. 冷库建筑面积估算

对于较大的冷库，在初步设计阶段，可根据计划确定的冷藏量，按下列公式估算冷库的建筑面积。

图 2-1　单层冷库建筑搭架分层存放水果

$$F=\frac{G\times 1\ 000}{\alpha\gamma hn}$$

式中：F—库建筑面积（不包括川堂、楼电梯间等辅助建筑面积），m^2；

G—计划任务书确定的冷藏量，t；

α—平面系数，指有效堆货面积与建筑面积之比，多库房的小型冷库（稻壳等隔热）取 0.68 ~ 0.72，大库房的冷库（泡沫塑料隔热）取 0.76 ~ 0.78；

γ—拟贮果蔬的单位平均容重，kg/m^3；（具体数值见附录中附表 2）；

h—所贮果蔬的有效堆货高度，m；

n—冷库层数。

二、果蔬机械冷库建造要求概述

要将新鲜果蔬贮藏好，首先要有适宜的贮藏设施，并根据果蔬采后的生理特点，创造良好的贮藏环境条件，在不使果蔬发生生理失调的前提下，最大限度地抑制果蔬的呼吸及其他生理代谢，延缓其成熟衰老。同时还要有效地防止病原微生物生长繁殖，减免由于病原微生物侵染而引起的腐烂变质。所以，果蔬机械冷库除了应具备一般建筑的挡风、防雨、避免阳光直射等功能之外，还必须具备如下的功能。

(一)满足果蔬对所需低温条件的需求

1. 能够提供一个适宜的低温环境

把果蔬贮藏在适宜的低温条件下，是果蔬保鲜中最重要或者说是第一位的条件。为此，维持贮藏环境的适宜低温，是选择贮藏方式和设施首先要考虑的问题。所以，果蔬机械冷库首先要满足能提供一个适宜的低温条件。为此，无论果蔬冷藏库还是果蔬气调库都必须通过专门的制冷装置来降低温度。

2. 能够提供一个相对恒温的环境

果蔬机械冷库仅能提供低温还不够，还要保持库温具有较小的波动幅度，这对果蔬贮藏也非常重要。一般情况下，冷库库温控制都低于外界环境温度，这就不可避免地会发生由外界通过围护结构向库内传热。为此，必须采取一定的措施来保持库内低温，这就需要采取良好的保温隔热措施。冷藏库和气调库就是通过在墙壁、地面和房顶敷设一定厚度的保温隔热材料，来减少库外热量的渗入，保持库温尽可能恒定。

（二）设置隔热层和隔汽防潮层

隔热层的合理设置是必须的，保持隔热材料的持久干燥也十分重要。冷库建筑要防止水蒸汽的扩散和空气的渗透。由于冷库内外温差较大，在围护结构的两侧通常存在水蒸汽分压差，库外高温侧空气的水蒸汽会不断通过围护结构向库内渗透。为了保证隔热层的隔热性能，除了必须在建筑时选用干燥的隔热材料外，还应设置良好的隔汽防潮层。否则，室外空气侵入时不但增加冷库的耗冷量，而且空气中水分的凝结会引起建筑结构特别是隔热结构受潮，降低隔热材料的保温性能，引起隔热材料的霉烂变质，甚至使得整个冷库建筑报废。为此，当围护结构两侧设计温差≥5℃且采用松散性隔热材料时，就应在保温材料温度较高的一侧设置隔汽防潮层。对于楼面、地面的隔热层，其上、下、四周都应做隔汽防潮层。

组合式冷库采用的彩钢夹芯保温板，既有良好的隔热性能又有良好的隔汽防潮性能，所以不需要再单独设置隔汽防潮层。

（三）其他基本要求

1. 具有较大的承载力

作为一种仓储场所，果蔬冷库建筑内要堆放大量货物，大中型冷库内还要通行各种装卸运输设备，并要设置许多制冷设备和管道，故要求冷库的结构坚固并具有较大的承载力。一般大中型冷库的楼板动荷载应在 1.5 ~ 2.0t/m^2，考虑制冷设备的安装，多采用无梁楼板。地面、楼面采用的隔热材料，其抗压强度不应小于 0.25MPa。

2. 做好防“冷桥”处理

当导热系数较大的构件如柱、梁、板、管道等穿过或嵌入冷库围护结构的隔热层时，便形成了导热的通道，这种导热通道叫“冷桥”。“冷桥”不仅增加了冷库耗冷量，而且还破坏保温层和隔汽防潮层的完整性和严密性。为此，冷库内的柱子、锚系构件等均应进行防“冷桥”处理；内隔墙必须砌在地坪的钢筋混凝土面层之上，不允许穿过隔热层；库房内的冷却设备与建筑物相连接的各支吊点应设置在保温层内。

三、果蔬机械冷库类型

（一）按库体建造形式分类

果蔬机械冷库建造形式主要分为两大类，一是砖混结构冷库，也称为土建库，二是组合式冷库，也称装配式冷库。

1. 砖混结构冷库

建筑物的主体一般为钢筋混凝土框架结构和砖混结构，是以混凝土楼板、梁、柱、围护等组成的结构形式。围护结构可采用实心砖墙或混凝土墙体。这种冷库的围护结构热惰性较大，室外空气温度的昼夜波动和围护结构外表面受太阳辐射引起的昼夜温度波动在围护结构中衰减较大，故围护结构内表面温度波动较小，库温较组装式冷库易于稳定。

砖混结构冷库目前占国内冷库很大的份额，分传统多层散堆冷库及土建多层货架冷库。传统多层散堆冷库多配合批发交易，以出租为主，部分冷库也兼做第三方物流；土建多层货架冷库的特点是大柱网，高层高，货架存放，叉车搬运，冷风机冷却，更适应现代冷链物流的需求。

砖混结构冷库建筑的基本构造主要由地基与基础、保温地坪、隔热墙体、隔热屋盖等部分组成。

建筑上称的地基和基础是两个不同的概念，地基不属于建筑物的部分，是天然的或者经过人工处理的承载建筑物的土层或岩层。基础是建筑物的一部分，是把建筑物上部荷载合理的传给地基的构件。地基和基础直接关系到冷库建筑的坚固、稳定与安全可靠，应根据设计要求认真做好。

隔热墙体、隔热屋盖、保温地坪等部分构成了冷库“六面体”的隔热围护结构，既要求保温性能良好，也要求稳定与安全可靠。所以在冷库建造时，除应满足冷库建筑低温高湿的使用要求外，要特别注意隔热层和隔汽防潮层的设置和施工质量，以及防“冷桥”处理。

2. 组合式冷库

组合式冷库的建造主要由围护结构罩棚、隔热夹芯板维护体、隔热地坪或隔热防冻地坪等组成。隔热夹芯板两侧多采用彩色钢板、铝板或不锈钢板，两层金属板中间夹的保温材料通常为硬质聚氨酯泡沫塑料（RPUF）或聚苯乙烯泡沫塑料（EPS）等有机隔热保温材料。

组合式冷库的围护结构通常为轻型钢结构，按夹芯板和围护结构的相互关系，组合式冷库可分为外框结构型式和内框结构形式，目前国内通常采用外框架结构型式的组合式冷库。隔热夹芯板多选用彩钢板中间夹硬质聚氨酯泡沫塑料的隔热板。

组合式冷库一般为单层，但是根据使用要求层高差异十分悬殊。用于各类超市、批发市场、产地果蔬贮藏的小型冷库层高多数在3～6m；国内2010年以前设计用普通叉车存取货物的组合式冷库层高通常在6～9m；采用高位叉车存取货物的冷库层高通常在9～15m；采用窄巷道叉车（VNA）存取货物的冷库层高通常在15～18m；18m以上多为全自动立体冷库（AS/RS）。国内外全自动冷库的高度也随着设备和技术水平的提高，不断攀升。

砖混结构多层冷库和组合式冷库外形见图2－2和图2－3。

图2－2　砖混结构多层冷库

图 2－3　组合式冷库

（二）按库温分类

根据使用库温，存放食品的冷库一般分为 3 种温度类型：即高温库、低温库和速冻库。

1. 高温库

高温库也叫冷却物冷藏间、恒温保鲜库、高温冷藏间，主要用于贮藏新鲜果蔬、花卉、鲜蛋等产品，库内设计温度一般在 0℃左右，温度波动通常控制在 ±0.5℃ ~ ±1.0℃，库内冷却设备一般使用冷风机，较大库容积的冷库内应配置均匀送风道。库内货堆间风速一般要求在 0.3 ~0.5m/s。贮藏果蔬的高温库通常应设计通风换气装置。山东产地某大蒜和蒜薹贮藏库见图 2－4，图 2－5。

图 2－4　产地蔬菜贮藏高温库（中间通道型）

2. 低温库

低温库也叫冻结物冷藏间或低温冷藏间，是用来贮藏经过冻结以后的肉品、水产品、冷冻果蔬等食品的，库内设计温度一般要求不高于－18℃，温度波动最好控制在±1℃以内。低温库的冷却设备一般为顶排管或顶排管结合冷风机。

3. 冻结库

冻结库也叫速冻库、速冻间，是专门设计用于快速冻结食品的。库内设计温度一般为－30～－23℃。目前我国食品冻结加工工艺大都采用一次冻结的方式。以新鲜肉类为例，要求经过凉肉间进行凉肉，除去表面浮水后，进入冻结间速

图 2－5　产地蔬菜贮藏高温库（阁楼式屋顶）

冻，在 20h 内使肉中心温度达到－15℃以下，故冻结间的温度一般控制在－23℃以下。冻结间除安装制冷排管外，还应配置冷风机，以加速产品冻结。

低温库和冻结库因为使用温度长期处于负温条件下，所以除了配置的制冷负荷较大、冷风配设备形式与高温有所不同外，地坪必须做防冻处理，以免地坪冻臌损坏冷库建筑。通风管防冻地坪是低温库和冻结库最常用的地坪防冻方式，负温库采用通风管防冻地坪的设计示意图见图 2－6。

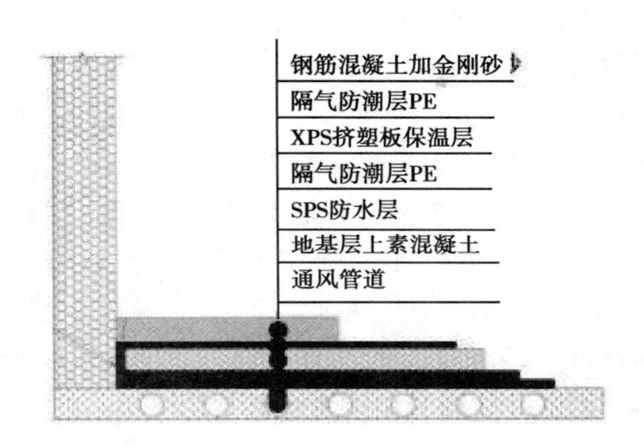

图2-6　通风管防冻地坪的设计示意图

四、果蔬机械冷库的隔热及防潮施工

砖混结构冷库的基本构造主要由地下构造、地坪构造、墙体构造、屋盖构造等部分组成。在建筑冷库时，除满足常规建筑的一般规范要求外，要特别注意隔热层和隔汽防潮层的设置和施工质量。组合式冷库施工，主要是注意在隔热地坪施工过程中，隔热板之间以及隔热板与地坪之间连接的防冷桥处理；在砖混结构上现场喷涂隔热层，主要注意隔热层材料的喷涂工艺、密度、厚度和均匀性，并注意材料的安全防火性能。

(一)隔热材料的选用

所谓隔热材料是指导热系数较小的材料。工程上把导热系数小于0.23W/m·K的材料称为隔热材料。良好的隔热材料一般都是孔隙多，容重小而干燥的轻质材料。所谓孔隙多是指材料内部含有较多的小孔隙，在这些小孔隙中，不会形成明显的对流作用。如果孔隙连成较大的孔洞，虽然容重有所减轻，但因其中气体对流作用的增强，反而使材料的导热系数增大，这对于保温隔热是不利的。因此，隔热材料有一个最佳容重的问题，比如聚苯乙烯泡沫塑料的最佳容重约27kg/m^3，超过此最佳容重，随容重增加导热系数减小。同时隔热材料应保持干燥，因为潮湿材料的导热系数要比同种干材料大得多。

●1. 整体隔热材料●

果蔬冷库常用整体隔热材料主要包括泡沫塑料制品、泡沫塑料现场发泡、炭化软木制品、矿棉和玻璃棉等。用作保温隔热的泡沫塑料分为硬质泡沫塑料和软质泡沫塑料两种。冷库围护结构的隔热材料均属硬质泡沫塑料。常用的硬质泡沫塑料有：硬质聚氨酯泡沫塑料和聚苯乙烯泡沫塑料。

（1）硬质聚氨酯泡沫塑料隔热夹芯板。聚氨酯为聚氨基甲酸酯的简称，其缩写为PU，是目前国内外冷库上常用保温材料中导热系数最小、保温效果最好、应用最广且最优良的隔热材料之一。硬质聚氨酯泡沫塑料（RPUF），是由二元或多元异氰酸酯与二元或多元羟基化合物经聚合反应生产的高分子化合物，它在一定的负荷下步发生变形，当负荷大发生形变后不再恢复到原来形态的聚氨酯泡沫塑料。为了改进RPUF的性能，在其中又加了催化剂（如有机锡）、发泡剂、表面活性剂（如硅树脂）、阻燃剂（卤代磷酸酯阻燃剂应用最为普遍，如TCEP、TCPP和TDCPP）等原料，制成了适宜冷库和气调库使用的硬质聚氨酯泡沫塑料。

与聚苯乙烯（PS）等有机材料制成的泡沫塑料相比，硬质聚氨酯泡沫塑料耐老化性能更加稳定，同时具有良好的热稳定性，-50℃低温不脆，150℃高温不流淌、不粘连，耐弱酸和弱碱等化学物质侵蚀；材料孔隙结构稳定，吸水率低，耐冻融，综合使用寿命长。

硬质聚氨酯泡沫塑料隔热夹芯板的规格通常为：50mm、75mm、100mm、120mm、150mm、180mm和200mm几种，双面彩钢厚度0.376~1mm。冷库和气调常用规格为100mm、150mm和200mm，库板的连接方式主要分插接式（用凹凸槽对接卡紧，打胶或用PU发泡填充）和挂钩式（偏心挂钩锁紧连接）。

（2）模塑型聚苯乙烯泡沫塑料隔热夹芯板。聚苯乙烯泡沫塑料分为模塑型（EPS）和挤塑型（XPS）。

模塑型聚苯乙烯泡沫塑料的缩写为EPS，它是由石油的副产品苯与乙烯合成苯乙烯，再经过聚合成颗粒状的聚苯乙烯，然后加入发泡剂（丁烷或异戊烷），并用水蒸汽加热形成具有无数微小气孔的发泡小球，在常压下熟化，此过程称为预发泡。将熟化后的发泡小球放在模具中进行加热，使它们彼此融合成型，便制成了一种具有微细闭孔结构的硬质泡沫塑料。冷库用EPS隔热夹芯板，是在制成的聚苯乙烯泡沫板两侧黏合不同厚度的彩钢板。EPS板材的导热系数通常应低于0.04W/m·K（25℃），最低吸水率约为2%。

（3）挤塑型聚苯乙烯隔热板。挤塑型聚苯乙烯隔热板是以聚苯乙烯树脂为原料加其他原辅料与聚合物，通过加热混合同时注入催化剂，然后挤压成型制成的硬质泡沫塑料板，简称

XPS。XPS 具有致密的表层及闭孔结构内层，极低的吸水性、低热导系数、高抗压性和良好的抗老化性。根据 XPS 的不同型号及厚度，其抗压强度可达 220～700KPa 以上，广泛应用于地热工程、冷库地面保温等领域。根据 GB/T10801—2002 的要求，XPS 板材的导热系数通常应低于 0.03W/m·K（25℃），吸水率最低可达 1%。

（4）现场发泡形成硬质聚氨酯连续保温层。采用现场喷涂的施工方式，发泡形成连续、无接缝的硬质聚氨酯保温层，通过多次喷涂最终成为一定厚度的保温密闭整体，闭孔率可达到 95% 以上，吸水率小。喷涂后每层泡沫的表面可形成硬皮（结皮），有效阻止水汽的渗透，实现保温、防水双重作用。

采用现场喷涂发泡工艺产生的发泡，自身具有超强的自黏性能，与混凝土、金属、木板等基层均有良好的黏结性能，施工时仅要求基层干净、干燥，无需涂刷基层处理剂就能到达 100% 黏合。因其与冷库屋面、外墙及地面黏结牢固，故抗风揭和抗负风压性能良好。冷库工程中常采用整体喷涂施工，为此可有效地避免“冷桥”，保温节能效果良好。

冷库常用泡沫塑料的容重和导热系数参见表 2－1。

表 2－1 冷库常用泡沫塑料的容重和导热系数

材料名称和缩写	容重范围（kg/m^3）	导热系数（W/m·K）
硬质聚氨酯泡沫塑料（RPUF）	30～45	0.018～0.023

（续表）

材料名称和缩写	容重范围（kg/m^3）	导热系数（W/m·K）
模塑型聚苯乙烯泡沫塑料（EPS）	16～35	0.035～0.046
聚苯乙烯挤塑板（XPS）	30～38	0.025～0.033
聚氯乙烯泡沫塑料（PVC）	30～70	0.022～0.035

（5）软木板。软木是栓树外皮或黄波萝树皮经轧碎成散粒软木，加入皮胶、沥青或合成树脂，拌合后加压成型，再烘干成软木板。软木板是一种档次较高的保温材料，它具有抗压强、导热系数较小等突出优点，但由于价格昂贵，一些冷库和气调库在某些重要部位有少量应用。

（6）矿棉板、岩棉板及玻璃纤维板。矿棉板、岩棉板及玻璃纤维板在防火等级上属于A级，为拒燃材料，如直接使用以上裸板材施工相对困难，所以除了对防火等级有特殊要求外，目前在冷库建筑保温上采用较少。采用矿棉、岩棉及玻璃纤维做成的隔热夹芯板，可克服施工困难的缺点，达到良好的防火等级，在一些冷库的机房、果蔬包装间等上有所采用。

2. 松散型隔热材料

果蔬冷库常用颗粒状松散型隔热材料有稻壳、膨胀蛭石、膨胀珍珠岩等。但由于这些材料吸湿性较高，随使用时间推移保温性能常明显恶化，所以大中型冷库上较少使用。现只对颗粒状松散型隔热材料及其制品做简要介绍。

（1）膨胀蛭石及其制品。膨胀蛭石是由蛭石经晾干、破碎、筛选、约 1 260℃下煅烧、膨胀（短时间内体积急剧膨胀 15～20 倍）而成。膨胀蛭石具有容重轻，导热系数较小，耐热性好等特点。但吸水性很大是它的缺陷，选用时一定要求充分干燥，重量湿度应＜2%，拉运和装填过程中不能受潮，在围护结构完全干燥后方可填充膨胀蛭石。此外，必须做好围护结构的隔汽防潮层。

根据容重的不同，膨胀蛭石通常将分为 3 级。随着容重增加，导热系数明显增加。膨胀蛭石可单独作松散填料使用，用来填充或装置在围护结构中，如夹层墙、顶棚和屋面等部位。由于膨胀蛭石及其制品吸水吸潮性强，保温效果易随使用时间推移变差，所以目前在冷库建设上较少应用。膨胀蛭石主要性能指标见表 2－2。

表 2－2　不同等级膨胀蛭石的主要性能指标

项目	1 级	2 级	3 级
容重（kg/m^3）	100	200	300
导热系数（W/m·K）	0.046～0.058	0.052～0.064	0.056～0.070
粒径（mm）	2.5～20	2.5～20	2.5～20
颜色	金黄	深灰	暗黑

膨胀蛭石也可制成水泥膨胀蛭石混凝土，水泥膨胀蛭石制品的配比与性能见表 2－3。

表 2－3 水泥膨胀蛭石制品的配比和性能

体积配合比（%）		容重（kg/m^3）	导热系数（W/m·K）	抗压强度（MPa）
水泥	膨胀蛭石			
9	91	300	0.075	0.20
15	85	400	0.087	0.55
20	80	550	—	1.15

（2）膨胀珍珠岩其制品。膨胀珍珠岩的特性与膨胀蛭石相近，缺点是吸水率大，不耐碱。选择它作为冷库保温隔热材料时的注意事项与膨胀蛭石相同。膨胀珍珠岩及其制品的技术性能指标见表 2－4。

表 2－4 膨胀珍珠岩其制品的技术性能指标

名称	容重（kg/m^3）	导热系数（W/m·K）	抗压强度（MPa）
水泥膨胀珍珠岩制品	300～400	0.056～0.087	0.5～1.0
沥青膨胀珍珠岩制品	200～450	0.070～0.080	0.3～0.5
磷酸盐膨胀珍珠岩	200～300	0.036～0.052	0.6～1.0

(二)隔热结构的建造

冷库墙体隔热层的施工方式一般有以下 3 种：采用夹层墙中间填充松散性保温材料或整体保温材料；采用隔热夹芯板；在建筑好的土建墙体上喷涂聚氨酯保温层。

1. 墙体隔热层的施工方式

（1）施工时采用夹层墙方案。采用这种方案，外墙和内衬墙有的均采用砖墙，有的则是外墙体用砖墙，内衬墙用预制混凝土墙板，两墙中间留有装填隔热材料的空间。在外墙内侧和内墙外侧应设置良好的隔汽防潮层。填充隔热材料时在不破坏保温材料颗粒形状的前提下应尽量填实。所用隔热材料可选用整体隔热材料，如聚苯乙烯泡沫板等，小微型冷库也有采用松散型隔热材料的，如稻壳、矿棉、岩棉的。

（2）采用隔热夹芯板。采用隔热夹芯板，通过一定的连接构件和密封材料，即可组装成冷库，这种冷库也叫装配式冷库或组合式冷库。隔热夹芯板两面通常用金属板，如彩钢板、复合钢板、铝合金板等，中间夹硬质聚氨酯泡沫塑料或聚苯乙烯泡沫塑料。隔热夹芯板具有良好的隔热性能，金属板兼有良好的隔汽防潮性能。常见的隔热夹芯板最宽为120cm，最长可达15m，最厚为20cm。

隔热夹芯板间的装配有承插型、对接型、钩扣型等多种形式，接缝一般采用灌注发泡聚氨酯密封。按贮藏果蔬的种类、贮藏温度及贮藏容积等要求，可任意组成有规则的房间数及不同大小容量的装配式冷库，具有施工简便快速，容易维修和清洁等优点。

隔热夹芯板外形见图2－7；采用隔热夹芯板拼装的组合式冷库示意图见图2－8。

（3）在建筑好的土建墙体、屋顶、地面上直接喷涂聚氨酯。此法采用A组料（俗称白料，黄色透明液体，包括聚醚树脂、阻燃剂、发泡剂、催化剂及泡沫稳定剂等）和B组料（俗称黑料，多元异氰酸酯，是一种褐色至深棕色的低黏度液体），使用移动式喷涂机现场发泡喷涂。

选择聚醚树脂时，除要注意其价格外，并要求其黏度不

图 2－7　聚氨酯隔热夹芯板（挂钩板）

图 2－8　用隔热夹芯板拼装组合式冷库示意图

能太大，与异氰酸酯和发泡剂等原料的互溶性要好。多元异氰酸酯一般采用多苯基多次甲基多异氰酸酯，即粗制二苯基甲烷二异氰酸酯（简称粗 MDI 或称聚合 MDI）。由于粗 MDI 蒸汽压较小，在发泡过程中产生的挥发性气体少，对操作人员健康危害小。此外，由粗 MDI 制得的硬泡塑料耐热性好，尺寸稳定性亦好。因而，粗 MDI 广泛应用于硬质聚氨酯现场发泡上。

采用喷涂发泡机发泡，就是分别将 A、B 两个组分的料液加入两个料桶中，料液经加温后，通过计量泵分别送至喷枪内混合，在压缩空气作用下，将混合物喷涂在被涂物表面上，实现发泡。

聚氨酯泡沫塑料现场发泡，所需的主要设备可选用：①小型空压机 1 台，排气量大于 0.5 ~ 0.6m^3/h，工作压力设定约 0.6MPa；②移动式聚氨酯泡沫塑料喷涂机，如 PM－2 型，流量 2.4kg/min；③手枪式泡沫塑料喷枪；④泡沫塑料灌注混合器等。一套喷涂设备每日一般可喷涂 600 m^2左右。

发泡物料对外界气温条件非常敏感，配料需经过试验确定，25℃为最佳施工温度，气温在 5 ~ 15℃时，料液需要进行加热保温。一般 A 组料的温度在（20 ± 5）℃、B 组料为(25 ± 5)℃为宜。因为三氟三氯乙烷的沸点是 49℃，异氰酸酯的温度若超过 60℃，性质也要发生变化。所以，加热的温度要严格控制，不能过高。

冷库聚氨酯现场发泡常见缺陷，有泡沫脱落、泡沫收缩、死泡、泡沫太脆、泡沫太软等。出现的原因和针对性的消除措施主要有以下几方面。

①附着力差。冬天或者雨天，由于被喷涂表面温度过低，或者空气中湿度过大致使工件表面有水分，使形成的泡沫底层与工件附着力下降，容易整快脱落。另外，当被涂表面有油污、灰尘，或者配料中 A 料过多，也会使泡沫层附着力降低。解决措施是：在喷涂发泡前，做好被喷涂墙面、顶板等的表面处理，避免在湿度大的阴雨天施工；冬季施工时要加热原料，如有可能亦要给被涂表面进行预热；必要时提高 B 组分的比例（或降低 A 组份的比例），使其反应加快，提高黏接性。②泡沫收缩。泡沫收缩是指泡沫体成形后出现泡沫体四周收缩，使其与被喷涂面产生较大间隙，影响粘接强度与密封，并容易脱落的现象。其原因是由于冬天施工时，物料的粘度增大，流动性变差，泡沫在成形过程中产生体积收缩所致。解决方法是给原料、空气加热，并适当提高空气流量和流速，使物料混合均匀，加快反应速度。③死泡。死泡是指所形成的泡沫密度太大，或者不发泡。这是因为原料中发泡剂不足，或者气温过低所致。解决方法是，在冬季施工时要给原料加热，加大风量，调节配方，增加催化剂、发泡剂量，以缩短反应时间。如果在正常温度下施工出现死泡，则可能是因为 A 料存放时间过长，发泡剂已挥发掉的原因，这时要给 A 料中加入部分发泡剂。④泡沫太脆。主要是因为原料配比不当，B 组分用料过多所致。解决方法是适当调低 B 料流量，以减少异氰酸酯的用量。⑤泡沫太软。与 B 组分用料配比低有关，适当增加 B 组分用量（或者减少 A 组分的用料）即可。

冷库墙体及屋顶上直接喷涂聚氨酯场景见图 2－9；喷涂

发泡机及原料桶见图 2－10。

图 2－9　冷库现场喷涂聚氨酯场景

图 2－10　喷涂发泡机及原料桶

2. 屋顶隔热施工方式

采用砖混结构的冷库，其屋顶隔热层的做法仍以“阁楼式隔热屋盖”居多。阁楼式隔热屋盖是指冷库的最上部是普通的防水屋面，其下面设净高1.2～1.5m的阁楼层，在阁楼层内铺设松散型隔热材料或块状隔热材料，并留有一定的剩余空间（空气层），阁楼层中的隔热材料与墙体中的隔热材料连成一体。通常阁楼层的上部开设一个或多个一定面积的具有密闭性能的小窗，在空气湿度大的季节完全关闭，在炎热季节且空气湿度较小时，将其打开，以使阁楼层通风降温。如阁楼层采用松散隔热材料，应在隔热材料上设置厚度不小于0.12mm的聚氯乙烯薄膜，再在膜上铺以适当厚度的隔热材料起压实作用。

在构造上要注意：①库房顶层隔热层如采用块状隔热材料时，不宜再做阁楼层；②铺设松散隔热材料的阁楼，在建造时阁楼楼面不应留有缝隙，若采用预制构件时，其构件之间的缝隙必须填实。同时，松散隔热材料的设计采用厚度应比计算厚度增加50%；③阁楼柱应自阁楼楼面起包扎1.2m高的块状隔热材料，其外侧应设置隔汽层，隔汽层外面不应再抹灰。

组合式冷库的屋顶均采用隔热夹芯板；现场发泡喷涂聚氨酯也是屋顶隔热施工的方法之一。

3. 地坪隔热层施工方式

果蔬保鲜库的使用温度一般在0℃左右，因而不致出现地坪冻臌问题，即地坪不需要作特殊防冻处理。但所做隔热地坪的构造并非统一模式。过去一些微型冷库或一些较大容积的土建库，隔热地坪的构造选用干燥颗粒状炉渣，一般设置50～60cm厚，上下设置隔汽防潮层，而现在已经较少采用，多数采用聚苯乙烯挤塑板做隔热材料，厚度10cm，在挤塑板上下两面设置隔汽防潮层。

用聚苯乙烯挤塑板做隔热地坪的建造方式，保温性能好，抗压强度也高，在各类冷库（包括土建库和组合库）地坪建造上普遍应用。地面用XPS板材的抗压强度应大于350KPa。至于隔热层上的地面构造，可根据所贮货物的重量，确定适宜的混凝土强度、厚度和配筋形式。

果蔬速冻库及冻结物冷藏间，仅做保温地坪并不能避免地坪冻臌，所以应做专门的防冻地坪。冷库地坪防冻的方法主要有：地坪架空、地坪隔热层下部埋设通风管或对地坪预热等，对此不加详细阐述。

（三）防潮结构的设置

1. 砖混结构冷库防潮层材料

（1）SBS防水卷材。我国目前沥青防水卷材产品除了纸胎油毡外，按改性材料可分为有弹性体（SBS）改性沥青、塑性体（APP）改性沥青、再生胶改性沥青、橡胶改性沥青、优质氧化沥青等防水卷材。按胎体分有聚酯胎、玻璃纤维胎、聚乙烯胎、玻璃布胎、玻璃网格布增强玻纤胎、玻璃网格布与聚酯复合胎、玻璃网格布与聚乙烯复合胎、玻璃网格布与涤棉无纺布复合胎等胎体。按用途分有热熔卷材、自粘卷材、油毡瓦等。

弹性体（SBS）改性沥青防水卷材，执行国家标准GB18242—2008，是用苯乙烯－丁二烯－苯乙烯（SBS）橡胶改性沥青做涂层，用玻纤毡、聚酯毡、玻纤增强聚酯毡为胎基，两面覆以隔离材料所做成的一种性能优异的防水材料，具有耐热、耐寒、耐腐蚀、抗老化、热塑性好、抗拉力大、延伸率高、抗撕裂性强等优点。用于各种建筑物的屋面、墙体、地下室、冷库、桥梁、水池等工程的防水、防渗、防潮、隔气等。

冷库隔汽防潮层采用SBS改性沥青防水卷材的施工要点为：基层必须平整、清洁、干燥，通常采用热熔法铺贴，应做到：①火焰加热器的喷嘴距卷材面的距离应适中，幅宽内加热应均匀，以卷材表面熔融为光亮黑色为度，不得过分加热卷材；②卷材表面热熔后应立即滚铺卷材，滚铺时应排除卷材下面的空气，使之平展并粘贴牢固；③搭接缝部位宜以溢出热熔的改性沥青为度，溢出的改性沥青宽度以2mm左右并均匀顺直为宜，当接缝处的卷材有铝箔或矿物粒料时，应清除干净再进行热熔和接缝处理；④铺贴卷材时应平整顺直，不得扭曲，搭接宽度80～100mm；⑤根据设计要求，SBS改性沥青防水卷材至少错缝熔融黏贴两层，且不得在雨天、雪天施工，以免影响施工质量。

（2）聚乙烯或聚氯乙烯塑料薄膜作隔汽防潮材料。这是一种简易隔汽防潮施工方式，具有施工简单、价格低廉的特点，常被农民建造的微型冷库、简易通风贮藏库和小型冷库地面保温材料的隔汽防潮采用。应选用厚度大于0.12mm的抗老化大棚膜，整体覆盖面应大，以减少接缝的热合或粘合工艺。墙体的隔汽防潮，通常用双面胶带将塑料薄膜平整的固定在墙体上。搭接的缝隙一定要密封严密。

组合式冷库，由于采用隔热夹芯板，在两侧均有金属板材保护，具备良好的隔汽防潮功能，所以不需要另做隔汽防潮层，但是必须将库板、顶板等所有的拼接缝隙，用密封料密封严实。

2. 防潮层设计与施工注意事项

为了保证隔热层的隔热性能，除必须使用干燥的隔热材料外，并应做好隔热结构的隔汽防潮。冷库设置防潮层时应注意以下几点：

（1）保证施工质量。必须保持隔汽防潮层的整体性和连贯性，与基层的粘接要平整牢靠，不得出现空鼓现象。对于使用松散性隔热材料的隔热层，隔汽防潮层的施工质量尤为重要，更应特别注意，因为多数松散性隔热材料更易吸潮，有些吸湿后还容易蹦解或霉烂。

（2）土建库的隔汽防潮层应设在隔热层的高温侧，这样既能阻挡水蒸汽的渗透，还能使隔热层内原有的水分从低温侧析出，保护隔热层免于受潮。绝对不允许只在隔热层的低温侧设置单面隔汽防潮层。如果隔热层的冷热面出现交替变化的情况时（如冬季北方严寒地区的高温库，库内变为高温侧），在隔热层两侧均应设置隔汽防潮层，把隔热层包在其中。

（3）如果出于某种特殊需要，维护结构由较多层次组成，则应当将蒸汽渗透阻大的材料放在高温一侧，渗透阻小的材料放在低温一侧，使水蒸气渗透“难进易出”，就可避免水蒸汽在围护结构内部凝结。

（四）其他要求

1. 所用主要建材的要求

（1）冻结间、冻结物冷藏间、低温穿堂等应优先使用高于325号普通硅酸盐水泥，亦可使用高于325号的矿渣水泥；冷却间、冷却物冷藏间，应使用高于325号的普通硅酸盐水泥或矿渣水泥。不同品牌水泥不得混合使用。

（2）冷库主体建筑用内墙砖，应采用强度等级不低于MU10的烧结普通砖，外墙不低于MU7.5，并应用水泥砂浆砌筑和抹面。砌筑用水泥砂浆的等级强度应不低于MU7.5。

（3）冷间用混凝土等级强度应不低于C20，配置混凝土时，水灰比不应大于0.6，每立方米混凝土水泥用量不得少于275kg。施工浇捣时，应注意密实性和养护工作，以防止出现裂缝。

（4）冷间内钢筋混凝土受力钢筋宜采用HRB400、HRB335热轧钢筋，也可使用HPB235热轧钢筋。

（5）所有的结构及构件均应根据冷库低温高湿的使用条件，采用必要的防潮、防腐和防锈措施。如采用钢筋混凝土结构时，钢筋的保护层厚度应按规范规定的一般厚度增加10mm以上。

2. 通风换气要求

（1）在果蔬冷库内，应力求做到气流分布均匀，各个货位上的温度、湿度、空气成分和气流速度基本一致。果蔬产品刚入库时具有较高的田间热时，库内较高的风速对加速产品降温相当重要；大中型冷库可采用变频风机加以实现，即产品入库初期高频率运行，产品温度恒定后转为较低频率运行。有些冷库为了增强入库初期的库内风速而无变频风机，也可在适当位置增装轴流风机以提高库内空气流速，亦可通过电路连接成制冷机停止运行期间，均风风机定时自动开启，这对促使库内温度均一十分有利。冷库内设置均风风机见图2－11和图2－12。

图2－11　冷库内安装均风风机（一）

（2）新鲜果蔬在冷藏期间会释放出某些对产品贮藏有害的气体，如乙烯等，当这些气体积累到一定浓度后，就会启动和加速果蔬的成熟衰老，或引起果蔬某些生理病害的发生。因此，果蔬冷库必须设计送入新鲜空气并排除有害和污浊空气的通风换气设施，通常采用机械通风换气装置。

通风换气装置的排风口和进风口不宜设在同侧，若必须在同侧设置，应考虑两端的水平和垂直距离，同时进风口和

图 2－12　冷库内安装均风风机（二）

出风口应设置便于操作的隔热启闭装置，不进行通风时通风孔应严密关闭，并能良好保温隔热。

容积较大的冷库，新鲜空气的引入可在靠近冷风机处设置专门的进风管，进入管的接法可参考图 2－13。

（3）设置的通风换气装置，应按所贮藏货物的种类、产品的水分含量等确定适宜的换气次数和换气间隔。

3. 投产降温和维修升温要求

砖混结构的库房，投产前必须逐步降温，以免因降温太快产生的应力损害冷库建筑。

（1）投产降温的要求。对于大中型冷库，各楼层及各冷间应同时降温，使主体结构和各部分结构层的温度应力及干缩率保持均衡，避免建筑物出现裂缝。冷库投产前的降温速

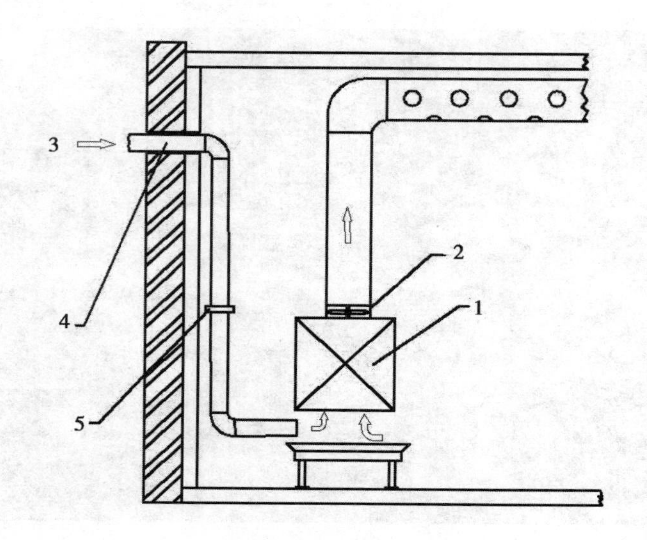

图 2－13　较大库容冷库新鲜空气引入示意图

1. 冷风机；2. 轴流通风机；3. 新风入口；4. 新风管；5. 插板阀

度每天不得超过 3℃。当库房温度降至 4℃时，应保持 3～4 天，以便冷库建筑结构内游离水析出。以后以每天不超过 3℃的降温速度继续降温，逐步降到设计要求的使用温度。

（2）维修升温要求。冷库在大修和局部停产维修前，必须停产升温。升温前，必须清扫库内的冰霜，以免解冻积水。在升温过程中，遇有融化的冰霜水，应及时清除。升温应缓慢进行，每日升温不应超过 2℃为宜，库温宜升至 10℃以上。

4. 其他

穿过冷间保温层的电气线路，应相对集中敷设，且必须采取可靠的安全防火和防止产生“冷桥”的措施。

五、果蔬微型冷库

（一）果蔬微型冷库概述

1. 微型冷库容积

按照商业性冷库大小分类标准，小于或等于1 000t的冷库属于小型冷库。依照每吨果蔬占5.0～6.0m^3空间的经验数据概算，1 000t的冷库容积为5 000～6 000m^3，这样大小容积的冷库虽然划分为小型冷库，但目前以农村专业合作组织或农民建设的产地果蔬保鲜库，多数贮藏量在1 000t以下，不少农民和专业合作组织建设的小冷库（家庭式冷库）贮藏量甚至只有几十吨至几百吨，这样的冷库产地农民俗称微型冷库。

我国目前对果蔬保鲜微型冷库尚无针对性的标准，对其容积也没有严格的定义，一些工程技术人员常将库容积在500m^3以下、贮藏量在5～100t的机械冷库均称作微型冷库，以区别于商业上划定的小型冷库。

2. 微型冷库的特点

果蔬微型冷库是一种与我国现行的农村家庭联产承包生产体制及农村和农民的经济与技术水平相适应的机械恒温冷库，当然也可用于果蔬批发市场或建造成产地联体库群。它具有建造快，造价较低，操作简单，自动控温，保鲜效果良好等特点，是农民及农村专业合作组织等调节果蔬淡旺季、实现果蔬减损增值的重要贮藏设施和手段。由于我国农村家庭联产承包责任制政策将长期稳定不变，所以，在今后相当一段时间内，我国农民的生产经营主要还是以自主的、小规模的方式为主体。如何把千家万户的小规模生产和日益重视质量和安全的大市场有机结合起来，发展产地低投资的贮藏场所，推广易于操作和掌握的小微型冷藏设施，是适合我国目前国情果蔬保鲜的主要途径之一。微型冷库具有以下主要特点。

（1）造价低廉，建造速度快。产地建造一座容积为120m³左右的土建式微型冷库，库体造价2.5万~3万元，设备投资2.5万元左右，合计5万~5.5万元左右，相同容积的组合式冷库的投资也基本相当。果蔬微型土建冷库建库及安装设备时间需1~1.5个月，组合式冷库需7~15天。

容积120m³左右的微型冷库，可贮藏苹果、梨、葡萄、山楂、马铃薯等“实心”果蔬约2万kg，青椒等“空心”蔬菜1万kg左右。如果利用结构和坚固性良好的旧房或仓库等场所增加保温结构和防潮结构改建成微型冷库，可减少土建费用25%左右。

（2）实用性强。果蔬微型冷库及成套设备一般采用优质半封闭或全封闭制冷压缩机组，主要控制器件通常也应采用品牌产品，以保证机组在相对差的运行条件下的稳定可靠运行；制冷系统采用自动控温，通常可在-5~15℃范围内任意调整设定温度，控温温差一般为设定温度的±0.5℃。可根据实际需要设定融霜时间和融霜间隔，实现自动融霜。

（3）操作简便。机组操作简单，一般设有自动和手动双位运行功能，设有高压、低压、过载等自动保护装置，同时配有电子温度显示，方便用户观察库内的温度。正常使用时可像空调、冰箱一样方便，无需专人一直看护。

产地专业合作组织及农民建造的微型冷库虽然形式不同、库容大小有异、贮藏的果蔬种类不同，但均体现出了上述特点。将多间微型冷库集中建设在一起，但是分户单独投资、单独管理使用及计量电费，既便于贮藏保鲜技术普及和交流，且独立经营容易实现精细管理，也容易形成销售市场，农村或产地建设的土建和组合式联排微型冷库见图 2 – 14 和图2 – 15。

图 2 – 14　联排式微型冷库（砖混结构）

一些水果集中产地的乡村几乎家家户户都建设了微型冷库（也称农民家庭式冷库），形成了微型冷库一条街或微型冷库村。见图 2 – 16。

图 2－15　联排式微型冷库（组合式）

图 2－16　辽宁北镇常兴微型冷库一条街

(二)微型冷库的参考设计参数

参照国内冷库建造相关标准，结合微型果蔬冷库的特点，国家农产品保鲜工程技术研究中心（天津）依据多年的研究和实践经验，对微型冷库的设计和建造进行了总结和整理，并提出下列参考设计参数及要求，见表2－5。随着对微型冷库使用实践经验的积累和相关研究的完善，会不断优化设计参数并提升相关要求。

表2－5　微型冷库的库体参考设计要求

序号	项目	内容
1	库温设计	正常使用温度范围 －3～15℃，控温精度范围≤ ±0.5℃
2	库体保温性能	屋顶、外墙的传热系数≤0.27W/m^2℃，单位面积传热量（热流密度）≤10.5W/m^2
3	库内外设计温差	≥35℃
4	隔热材料选择	组合式冷库墙体和库顶：聚氨酯彩钢板10～15cm、聚苯乙烯彩钢板15～20cm；砖混结构冷库墙体和库顶：膨胀珍珠岩、膨胀蛭石、玻璃棉≥40cm、稻壳≥50cm；地面保温XPS挤塑板10cm
5	隔汽防潮层	最简易的做法是在保温层两侧设置≥0.12 mm厚度的抗老化PVC塑料薄膜，正规的做法是采用SBS卷材做“三油两毡”
6	通风换气量	应留有安装轴流风机的通风口，风机换气量须满足20倍左右库容
7	库体走向和外露面涂色	最好南北走向，北开门；墙体外露面涂白色或乳白色以减少吸热
8	库内温差与波动幅度	库内贮货区不同位置温差≤1℃；热电融霜时库温回升≤3.5℃，货物升温≤0.35℃

（续表）

序号	项目	内容
9	机房环境要求	要求冬季保温，夏季通风良好；设置排风和进风口。最低温度不低于 -5℃，最高温度一般不高于35℃；制冷机组、电气控制柜应安装在机房内
10	参考容积、库门尺寸（人工堆码）	容积 90m^3：6m × 5m × 3m；容积 120 m^3：7.0m × 5m × 3.5m；容积 150 m^3：7.5m×5.5m×3.5m（长×宽×高）库门尺寸（门洞尺寸）：宽 1.0 ~1.2 m，高 1.9 ~2.0 m

（三）微型冷库的建筑与施工

1. 组合式微型冷库

组合式微型冷库所用库板类型，主要是硬质聚氨酯和聚苯乙烯隔热夹芯板。由于聚氨酯隔热夹芯板是在彩钢钢板设定的间距中发泡，且聚氨酯的导热系数小，所以保温性能明显优于聚苯乙烯保温板。

组合式微型冷库具有占地面积小、施工速度快、外形整洁美观、清洁方便、可以拆装等优点。缺点是库房热惰性小，存放货物后温度回升相对较快，与砖混结构库相比耗电略高；造价通常也比砖混结构冷库略高。产地组合式微型冷库不少采用空调外形制冷机组，压缩机为全封闭涡旋式制冷压缩机，采用开拉式冷库门，见图 2 - 17。

冷库选用隔热夹芯板的质量，直接关系到冷库的保温隔热性能，参考国家相关标准：组合式冷库用硬质聚氨酯隔热夹芯板的隔热材料密度应≥40kg/m^3；导热系数 ≤0. 022w/m · ℃；抗压强度≥0. 2MPa；离火自息时间≤7s；抗弯强度≥0. 25MPa。

图 2－17　组合式微型冷库、库门及制冷机组

温度非极端地区采用硬质聚氨酯隔热夹芯板，库板设计厚度为：墙板 100～150mm，顶板 150mm，特殊寒冷和炎热的地区墙板和顶板厚度可根据气象资料适当加厚。

现以果蔬产地建设的 50t 组合式微型冷库为例，说明建设的相关工艺和技术要求。

（1）库体设计和制冷机组配置参考标准。结合微型冷库的特点，库体设计和制冷机组配置参考标准见表 2－6。

表 2－6　50t 组合式微型冷库库体参考设计要求

序号	参数名称	要求
1	参考贮藏量（t）	50

（续表）

序号	参数名称	要求
2	库内净容积（m^3）	≥300
3	参考外形尺寸（长×宽×高）（mm）	10 560×7 680×（3 500～4 200），在满足库内容积的前提下，可适当调整尺寸
4	库体保温结构	墙板厚≥100mm、顶板厚≥150mm 的聚氨酯双面彩钢板（密度≥40kg/m^3 ±2kg/m^3），阻燃 B2 级。彩钢钢板厚度≥0.476mm。严寒和高温地区可适当增加墙板厚度至≥150mm、顶板厚度至≥200mm
5	保温门类型和要求	宽 1.2～1.4 m，高 2.0 m 平移门，芯材为 100mm 聚氨酯保温板（密度≥40kg/m^3 ±2kg/m^3），阻燃 B2 级。严寒和高温地区可适当增加库门保温板厚度
6	制冷机组、冷风机等	12HP 制冷机组，制冷量（－10/40℃工况下）≥17.4KW；DD60 冷风机 2 台；外平衡热力膨胀阀
7	电源和功率	3P/AC，380V±10%，50HZ；装机功率≥12kW
8	基础、钢结构、防雨遮荫棚	根据建设地实际情况设计施工，确保结构和棚体稳固、安全

（2）地坪参考做法。按照库体占地面积，首先下挖 400～500mm。自下而上的参考做法为：素土夯实；根据土质情况做 300mm 以上“三七灰土”夯实；“三七灰土”上做 100mm C25 素混凝土；涂刷 2.5mm 厚非焦油型环保聚氨酯防水涂膜；强度大于 0.25MPa 聚苯乙烯挤塑板分两层错缝平铺 100mm；涂刷 2.5mm 厚非焦油型环保聚氨酯防水涂膜；100～120mm 钢筋混凝土地面（C25 混凝土加 6mm 钢筋，间距 150mm）。此外，冷库地坪标高要高出库外地面 150～200mm，防止雨水灌入冷库。

微型冷库地坪做法示意图参见图 2－18，做好保温及隔汽防潮并铺设钢筋后拟打混凝土的地面见图 2－19。

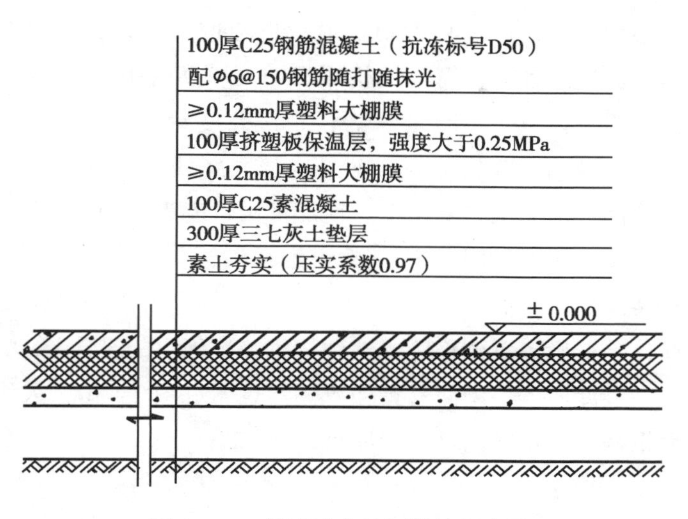

图 2－18　微型冷库地坪做法示意图

图 2－19　在做好保温及隔汽防潮的地面上拟做钢筋混凝土地面

（3）防雨雪、遮荫罩棚。微型冷库保温顶板通常为平顶，雨雪会增加活荷载，且太阳辐射热也会增加能耗，所以要做防雨雪、遮阴罩棚。简易钢构罩棚可做成人字形，参考做法为：采用直径70mm的无缝钢管制作高度约为5m的8根立柱。立柱与钢板座焊接好后，采用膨胀螺栓将立柱钢板座固定于地面的水泥浇筑基座上。顶部采用跨度为8m的人字架与立柱焊接，棚面采用0.5mm的彩钢瓦楞板。制作时应保证焊接和装配质量，四季风大的地区，在钢柱上可焊接拉结交叉钢筋拉结，确保罩棚稳固，达到抗风、抗雨雪的设计要求。

微型冷库人字型简易钢构罩棚示意图见图2－20，采用人字型钢构简易罩棚的微型冷库见图2－21。

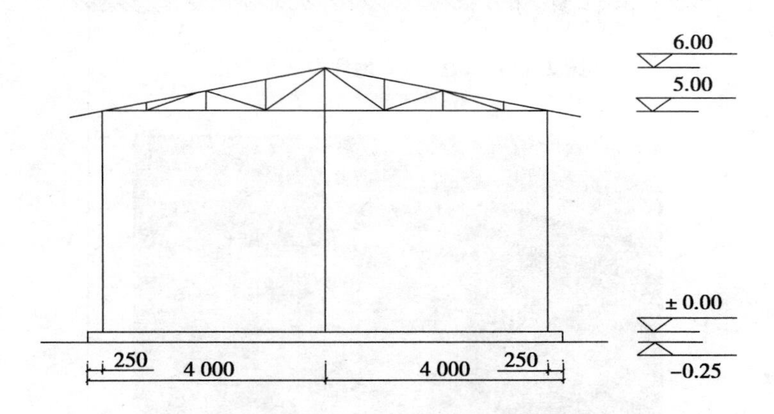

图2－20　人字型简易钢构罩棚示意图

对由多间微型冷库组成的微型冷库群，防雨雪、遮荫罩棚也可做成拱形，库门前留出汽车进出的通道，因此结构应科学合理。联体微型冷库拱形钢构罩棚见图2－22。

图 2－21　用人字型钢构简易罩棚的微型冷库

图 2－22　联体微型冷库拱形钢构罩棚

2. 砖混结构微型冷库

砖混结构微型冷库通常由冷藏间、缓冲间和机器房3部分组成，也有的省略缓冲间，仅设置冷藏间和机器房。为了进出货物和设备安装方便，通常设计为地上式建筑。根据冷库的容积和使用年限，一般采用砌筑式砖混结构。新疆等产地的技术人员因地制宜设计的砖混结构墙体、钢结构拱形顶设置保温材料和防水布，建造的微型冷库具有投资低、使用效果较好的突出特点。

（1）墙体隔热结构介绍。目前微型冷库墙体隔热结构的做法大致有以下4种，分别叙述如下。

①采用夹层墙填充松散性隔热材料。外墙和内墙砖墙体配置的厚度一般是：240mm＋240mm，均采用机制砖，保温材料可用矿棉、玻璃棉、稻壳、膨胀珍珠岩、膨胀蛭石等，采用夹层墙填充松散性隔热材料的墙体，隔热材料必须干燥，且必须做好隔汽防潮层。②采用砖墙夹整体式隔热板材。外墙和内墙砖墙体配置的厚度一般是：240mm＋240mm或240mm＋120mm，外承重墙采用机制砖，内衬墙也可采用水泥空心砖、水泥珍珠岩轻体砖等，保温材料一般选用容重大于$18kg/m^3$的聚苯乙烯泡沫塑料板。③砖墙上固定聚苯乙烯泡沫塑料保温板，再在保温板上挂网抹特制水泥保护层。砖墙体配置的厚度一般是240mm，用塑料膨胀螺栓等方式将聚苯乙烯保温板固定在砖墙上，分两层错缝安装，合计厚度在150mm或以上，聚苯乙烯泡沫塑料保温板容重应$\geqslant 18kg/m^3$。在结构好的保温板表面挂钢丝网或尼龙网，再在上面抹特殊配置的水泥砂浆，保证结构紧密，不易脱落。微型冷库墙壁和顶子安装聚苯乙烯保

温板现场见图 2－23。④现场喷涂聚氨酯保温层后再做防护层。采用外墙为 240mm 砖墙，在砖墙内侧现场喷涂聚氨酯保

图 2－23　墙壁和库顶安装聚苯乙烯保温板现场

温层后再做防护层。做法是：外墙内侧水泥砂浆找平，其上设置木龙骨，现场喷涂聚氨酯，再在木龙骨上固定彩钢板作保护层，这种方式结合了组合式冷库和砖混结构冷库的优点，保温良好，便于库内清洁，内部的彩钢板保护层可起到保护隔热材料、防火、便于清洁的作用。缺点是施工比较麻烦，造价较高，见图 2－24。

有的砖混结构冷库在喷涂聚氨酯后，再在其上挂尼龙网或钢丝网，用特制的水泥砂浆抹一层防护层。改性氯氧镁复合材料是一种气硬性凝胶材料，属于特种水泥的一种，俗称

图 2-24　现场喷涂聚氨酯后木龙骨上
固定彩钢板作保护

无机玻璃钢（FRIM），与保温层有很强的黏结力，可作为聚苯乙烯保温板或现场喷涂的聚氨酯的库内一侧的防护层，并有良好的隔汽防潮作用。

喷涂聚氨酯保温层上再做特殊水泥砂浆保护层见图 2-25。

但也有不少微型冷库直接在围护结构上喷涂聚氨酯后，不做其他防护，优点是施工简单，费用相对较低，缺点是喷涂的聚氨酯保温层容易受到机械损伤，火灾安全隐患也相对较高。在生产中因不乏聚氨酯保温层发生火灾造成人员伤亡的事故，因此，聚氨酯现场喷涂顶棚和墙壁后不做其他防护层的冷库，在电器及其他防火安全上应特别警惕和规范，比

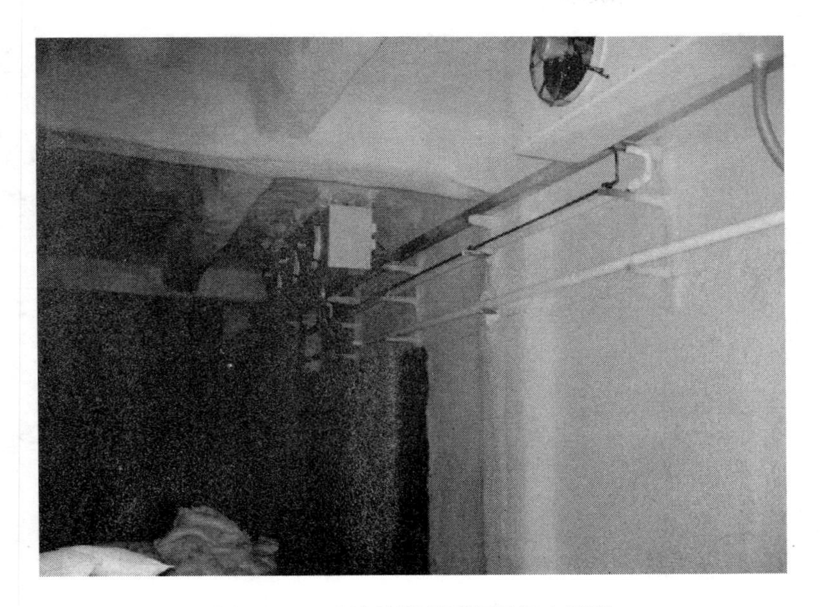

图 2-25　喷涂的聚氨酯保温层上再做特殊水泥砂浆保护层

如库房内的照明和动力线路应采用耐低温的绝缘电缆、穿过库房隔热层的电气线路应采取可靠的防火措施，等等。

聚氨酯现场喷涂顶棚和墙壁后的微型冷库，外表不做任何防护，见图 2-26。

以下具体介绍 3 种隔热墙体的做法。

A. 砖墙夹整体式隔热板材的做法。最常见的做法为：由冷库外向冷库内依次为 20mm 厚 1∶2 水泥砂浆抹面；240mm 厚砖墙水泥砂浆砌筑；1∶2 水泥砂浆找平层；SBS 防水卷材热熔错缝做两层防潮层（简易做法是双面胶带粘贴 0.12mm 厚的大棚膜）；150mm 厚的聚苯乙烯泡沫塑料（容重≥18

图 2－26　聚氨酯现场喷涂顶棚和墙壁（不做防护）

kg/m^3，先贴 100mm 厚的板，然后错缝再贴 50mm 厚，用塑料铆钉固定压紧）；0.12mm 厚大棚膜防潮层；120mm 厚轻型保温墙，水泥砂浆砌筑；20mm 厚 1：2 水泥沙浆抹面。

B. 围护墙体内侧喷涂聚氨酯保温层后用彩钢板作保护。由冷库外向冷库内依次为 20mm 厚 1：2 水泥砂浆抹面；240mm 厚砖墙水泥砂浆砌筑；1：2 水泥砂浆找平层；其上设置木龙骨，现场喷涂 100～150mm 厚聚氨酯，要求平整；再在木龙骨上用拉铆钉作彩钢板保护层。

C. 夹层墙填充松散性隔热材料。多数内外砖墙体配置的厚度是 240mm＋240mm，最常见的做法为：由冷库外向冷库内依次为 20mm 厚 1：2 水泥砂浆抹面；240mm 厚砖墙水泥砂浆砌筑；1∶2 水泥砂浆找平层；做两层 SBS 防水卷材防潮层；根据所用保温材料的种类，留 40～60cm 的夹层空间；240mm 厚内砖墙水泥砂浆边砌筑边抹夹层面；水泥砂浆抹内面。内墙上现浇混凝土顶盖、外墙上做好防晒防水阁楼屋盖，砌体充分干燥后，方可从阁楼层内将松散保温材料灌入，并适度压实。

（2）隔热屋顶的做法。隔热屋顶的做法一般分两类。一是整体式隔热屋顶，二是分开式隔热屋顶，也叫阁楼式隔热屋顶。

微型冷库整体式隔热屋顶的隔热层做法通常采用下帖法或聚氨酯喷涂法。如果采用砖墙夹整体式隔热板材的做法，可采用下贴法，即在钢筋混凝土屋面板底面设置隔热层，常采用轻质整体隔热材料，如聚苯乙烯泡沫塑料板等。屋面板上面是找坡层和 SBS 卷材防水层。做法是：可先在钢筋混凝土屋面板底面固定木龙骨，然后将第一层聚苯乙烯泡沫塑料板固定在木龙骨上，第二层泡沫板可用黏接剂和第一层黏接，并用塑料铆钉适当加固，两层聚苯乙烯泡沫塑料板总厚度 20cm。

分开式隔热屋顶是将屋面防水结构和隔热层分开，上面是普通的隔热防水屋面，常见形状有拱形和人字架形。要求排水通畅，不渗漏雨水，有一定隔热效果，其下是一定高度的空间，然后采用轻质整体隔热材料或松散隔热材料铺装。比如采用两层 100mm 厚的聚苯乙烯泡沫塑料板（容重≥18kg/m^3）错缝铺设，结构支撑构件可用 30mm×4mm 的角钢，泡沫塑料板上铺一层厚度 0.10mm 以上的整块大棚膜，大棚膜上再压 100mm 以上厚度的松散隔热材料，如膨胀蛭石、膨胀珍珠岩等。此外，在隔热层上的空间必须设置通风窗，以便于夏季空气层间的通风降温和更换保温材料。

（3）地基和基础。不同地区、地域和建库地址，由于土质及冬季冻土层深度不同，地下水位高度不同，地基和基础的做法也不尽相同。因多数微型冷库是建成单层的，且净高一般在4m以下，所以可参照当地普通砖混结构房屋的地基承载力和基础深度做法，加一定余量进行设计施工。

（4）库门及通风设施。砖混结构微型冷库因容积小、贮藏量少，采用人工进出货物，所以库门要设计得小一些。门洞高度通常为1.9～2.0m，净高1.8～1.9m，门洞宽1.0～1.2m，净宽0.8～1.0m。安装保温门，通常选用库门生产厂家制作的标准保温门较为便捷。要求开启灵活，封闭严密，并有库内安全推手，做到库外锁上门锁也能从库内打开库门。

在冷风机相对一侧的库内墙上在竖向中上部位置，留一个600mm×600mm的通气窗洞，用以装置适宜风量的轴流式排风通风机。预留的通风窗洞中心位置距屋顶隔热层下部750mm左右即可。

（四）微型冷库制冷设备配套

容积约50、100、250和500m^3的果蔬微型冷库，制冷压缩机匹配、制冷量及冷风机配置是建库者普遍关心的问题之一，现根据计算和安装经验总结如表2－7所示，供选择设备时参考。

表 2-7　微型冷库制冷设备配套参考表

微型组合式冷库（t）	容积（m^3）	制冷机组（匹）制冷量（kW）	电机输入功率（kW）	蒸发器参考型号（台）	R22 灌注参考用量（kg）
10	≥50	3HP/≥4.5kW	约 3	DD221	6
20	≥100	5HP/≥7.2kW	约 5	DD401	10
50	≥250	12HP/≥17.4kW	约 12	DD602	30
100	≥500	20HP 制冷机组 1 台	约 20	DD1002	55

六、果蔬预冷库

（一）果蔬预冷概述

预冷是果蔬采收后冷链的首要环节，也是最重要环节之一。根据果蔬种类的不同，可采用不同的预冷方式。严格意义的预冷应具备 3 个特点：①需要专门的设备或设施，比如压差预冷设备、真空预冷设备、冷水预冷设备或专用预冷库；②采后立即进行，所以预冷设备或设施需要建设和安装在产地甚至田头；③对绝大多数果蔬而言，降温速度越快效果越好。

压差预冷设备、真空预冷设备和冷水预冷设备均属于预冷设备范畴，预冷库则属于预冷设施或预冷场所。压差预冷设备需要安装在冷库内，通过气流组织使包装箱内的果蔬获得较高的冷空气流速，从而增加换热强度，加快降温速率。它具有设备简单，投资小，适宜于几乎所有的果蔬等优点，预冷时间一般为几小时；真空预冷设备不需要提供冷源，是靠真空装置给密封容器内提供一定的真空度，加速水分蒸发而降低产品温度，所以适宜于比表面积较大的小果类水果、叶菜类蔬菜和食用菌等的预冷，具有预冷速度快，冷却均匀等优点，但设备初投资较高，操作也相对复杂，预冷时间一般为几十分钟；冷水预冷需要制冷设备获得一定低温的冷水（通常为2～5℃），产品通常和冷水直接进行热量交换而降低温度。也具有预冷速度快，冷却均匀等优点，但只适用于少数表面沾水后对后期贮运无明显影响的果蔬（如荔枝），预冷时间一般为几十分钟。

实践表明，按普通制冷能力和空气流速（货堆间0.3～0.5m）设计的高温库，果蔬品温从入库初期的28℃左右降低至2～4℃需要20～30h，而采用压差预冷设备则仅需要4～6h。因此，设计建造专用预冷库，目的是要比普通高温库显著缩短预冷时间，既可有效延缓果蔬的品质劣变和成熟衰老，也可提高冷库的预冷周转率。

(二)预冷库及其制冷设备设计思路

1. 基本原则

果蔬专用预冷库在设计上应与普通高温库有所不同，主要区别有以下几方面。

（1）增大制冷量。应配置比普通高温库制冷量大的制冷机组，以促使果蔬的田间热尽快排除。

（2）提高空气流速。库内应具有较高的空气流速，或采用专门的气流组织设备，以尽量缩短降温时间，比如采用压差预冷设备、设计气流组织结构或在适宜部位安装轴流风机。

（3）库内安装加湿装置。对失水率有严格要求的果蔬，在预冷库内安装加湿装置，预冷期间通过提高库内相对湿度，以减低预冷过程中果蔬失水率。

2. 果蔬专用预冷库的库容确定

当前我国长途运输的果蔬多数采用常温运输、少数采用产地冷却后使用保温材料覆盖常温货车运输、极少数采用预冷后冷藏保温车运输。鉴于上述现状，现阶段预冷库单间库容确定，主要应以适应产地预冷后使用保温材料覆盖常温货车运输的模式，并兼顾预冷后冷藏保温车运输形式。远途运输果蔬的常温货车装载量一般在30t左右，为此专用预冷库的单间容积可设计为400～500m^3，该容积下果蔬的贮藏能力为80～100t，一次性预冷入库量按贮藏能力的30%～35%计算，预冷量为24～35t，与单车的运输装载量基本匹配。同一种类果蔬预冷量大或果蔬种类多时，可将多个单间的预冷库集中设计在一起，形成预冷库群，见图2－27。

3. 果蔬专用预冷库所需制冷量计算

果蔬专用预冷库的制冷设备配置可有以下两种参考设计方案，因此制冷量计算应根据不同形式有所区别。

（1）冷库内安装压差预冷设备。在安装制冷量较大的制冷机组的冷库内，根据需要设置多台压差预冷设备，一次预冷量能装载一车的运输量。采用冷库内安装压差预冷设备，由于进出货物间隙时间相对较短，库门开启时间相应增加，

图 2－27　集中联排设计的果蔬预冷库

而使外界热量侵入机率增加，差压风机本身也产生热量。因此，要使预冷时间在 4～6h 内完成，制冷设备的制冷量配置至少应是等同库容普通冷库的 2.5 倍以上。

冷库内压差预冷设备的设置有不同形式，但是预冷设备本身一般没有制冷功能，见图 2－28。

（2）直接设计成专用预冷库。冷库内安装制冷量较大的制冷机组，提高库内空气流速。如一次性预冷入库量按贮藏能力的 30%～35% 计算，预冷时间由普通高温库的 25h 左右缩短至 15h 左右，按热工计算结合实际工程经验，对绝大多数果蔬而言，达到前述的降温速率，一是制冷设备的制冷量配置至少应是等同库容普通冷库的 3 倍以上，二是相应加大库内空气流速，并合理组织气流。因为仅靠加大库内的制冷量来显著缩短预冷时间的作用是有限的，且配置制冷量太大的制冷设备，也增加了初投资费用和运行能耗。

图 2－28　冷库内安装的压差预冷设备

如何加大库内空气流速，通常不需要专门增加的风机。因为在提高制冷量的同时，库内所需冷风机的台数会增加，相应风量也就增加了。但是冷风机的安装位置应尽可能合理，避免气流交织，应利于货堆内得到较高空气流速。

●4. 果蔬专用预冷库内相对湿度的调控●

由于专用预冷库内空气流速的增大，且预冷时间仍在十几小时，如果库内相对湿度较低，产品因失水品质和重量损耗将较大。一般认为，不同果蔬种类，冷库预冷期间失水损耗率应控制在 2.5% ~2.8%。因此，专用预冷库内应安装超声波自动加湿装置，并维持库内相对湿度在 80% 以上，以减少预冷期间的重量和新鲜度损失。图 2－29 为库内安装的超声波加湿器的一种形式，可以实现加湿器水箱内自动上水和退水，根据设定湿度范围，自动加湿。

图 2－29　库内自动加湿装置

5. 果蔬专用预冷库内货物的堆放

为了尽可能缩短预冷时间，要求货堆堆码合理，利于通风换热。地面必须设置 0.12 ~ 0.15m 高的托架，货堆离墙体距离 30cm 以上，留有主通道，通道两侧分垛码放货物，每垛沿送风方向的宽度 3 ~ 4m 为宜，包装箱间应留出较大的间距，以利对流换热。

冷库专用塑料托盘有不同结构形式，可反复使用、耐水、耐潮，与木托盘相比，硬度和周转使用率可提高 3 ~ 5 倍，方便叉车装卸，所占使用比率呈增长的趋势。

图 2－30 为 1 200mm×1 400mm 的多通道塑料托盘，可在果蔬预冷时作为地面托盘使用，也可用作果蔬长期冷藏地面托盘。具体尺寸可根据实际需要选择。

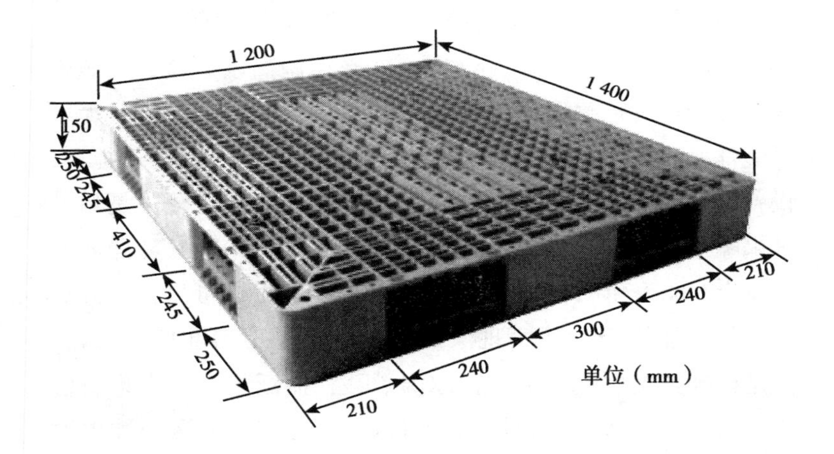

图 2－30　多通道冷库专用塑料托盘

七、果蔬精准控温贮藏库

提供适宜低温是果蔬贮藏保鲜最重要的条件之一，普通果蔬保鲜冷库虽可提供冷藏条件，但是温度难以实现精准控制。为了进一步提高易腐难藏果蔬的贮藏质量，延长贮藏期，近年来国内掀起了果蔬精准控温贮藏的研究热，且已经将研究成果应用于贮藏实践，对易腐难藏果蔬的贮藏保鲜获得了良好的效果。

(一)果蔬精准控温贮藏及精准控温保鲜库

1. 果蔬精准控温贮藏和冰温贮藏的异同点

果蔬精准控温贮藏就是精确准确控制温度贮藏。按照不同果蔬的适宜贮藏温度和降温工艺进行精准控温贮藏，无疑是最佳的温度管理方式，但是对设施和管理水平的要求提高，设备投入和能耗也增高。冰温贮藏也叫近冰点贮藏，是指某种果蔬在整个贮藏期间，始终维持靠近该产品冰点（并非水的冰点0℃），但不低于冰点的贮藏温度。由此可见，冰温贮藏通常只能用于无冷害现象的果蔬上，属于精准控温贮藏，但是精准控温贮藏并不单指冰温贮藏，而泛指对所有果蔬的贮藏温度采取精确准确控制。所以，精准控温贮藏与冰温贮藏既有密切联系也有明确区别。

2. 精准控温保鲜库建造的基本要求

研究和使用实践表明，具有夹套结构的冰温库，库内流场分布较均匀；采用顶部静压箱送风，墙底部四周回风的送回风方式，能够使库内形成自上而下的均匀“活塞流”，不同送风速度对冰温库内流场的影响较小。

为了实现果蔬的近冰点或精准贮藏保鲜，必须建造温度能够更加精准调控的冷库，即精准控温库。达到精准控温库一般的要求是：①库内各部位温度与设定的温度差值≤±(0.3~0.4)℃；②果蔬在整个贮藏期库温波动≤0.5℃，避免出现库内融霜造成的温度波动；③冷风机出风温度和冷库要求温度差值≤4℃，在恒定温度的同时，尽可能维持库内较高的相对湿度。为了实现上述 3 个指标，在精准控温库设计建造及使用上通常应采用以下方案。

（1）冷库墙壁采用夹套式结构，库内靠近地面设计多孔口回风，库顶采用夹层孔板布风，冷风机出风口设置在库顶夹层内，冷空气由多孔孔板均匀由上至下吹向库内，由墙体下部设置的回风口吸入，再汇集至冷风机换热后吹出。

（2）采用乙二醇间接冷却系统，由循环泵推动低温乙二醇在冷风机内强制循环，通过准确调整乙二醇的温度，使冷风机出风温度和冷库要求温度差值≤4℃。

（3）采用融霜期间冷风机交替工作的设计，即在安装正常冷风机组数的基础上，再多安装一套与原组数和蒸发面积相同的冷风机，当一组冷风机工作一段时间进行融霜时，电磁阀自动切换至另一组冷风机，以保证在融霜期间库温不明显升高。

（4）如对温度控制精度要求更高，在上述设计的基础上，可采用变频冷压缩机和变频冷风机。

（5）试验研究用精准控温库，可安装由红外摄像头、精密气象级温度计、传送视频线、转换器和显示屏组成的温度精准监测系统，进行温度的观测、调试和记录。

果蔬冰温库夹层墙下部设置的回风口见图 2－31；摄像头、气象温度计及红外光源安装在图 2－32；库内安装的气象温度计在显示屏上的温度显示见图 2－33。

一些按常规方式建造的高温保鲜库，为了延长果蔬的贮藏期并保持良好品质，应应用精准控温贮藏的理念，对蒜薹、香菜、板栗、冬枣等果蔬，近冰点贮藏保鲜效果特别显著。

图 2－31　冰温库夹层墙下部设置的回风口

图 2－32　摄像头、气象温度计及红外光源安装

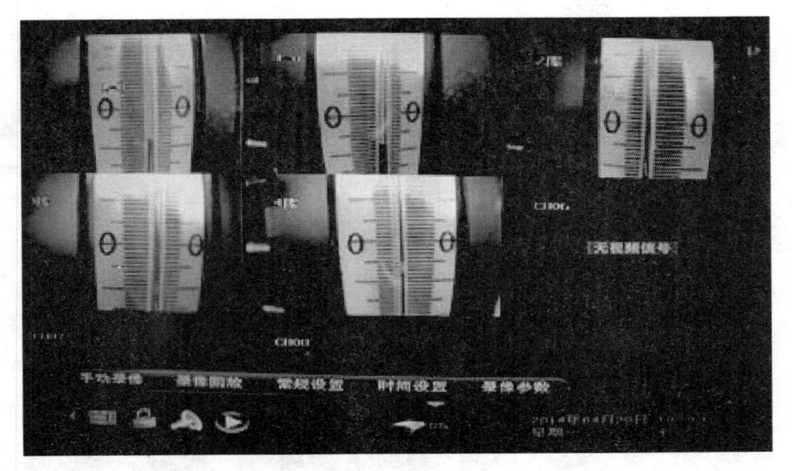

图 2－33　显示屏上精准显示库内温度

为了准确掌握库内温度，也可采用由红外摄像头、精密气象级温度计、传送视频线、转换器和显示器组成的温度精准监测系统，进行温度的精确观测，此方式已在山东等蒜薹贮库普遍采用。

产地蒜薹冷库内自行设计安装的精准测温远距离显示装置见图 2－34。

3. 如何高效益利用果蔬精准控温保鲜库

果蔬精准控温保鲜库与普通果蔬保鲜库相比，建造相对麻烦，投资也较高，且运行费用也会大幅增高，目前推广应用并不普及。因此，必须根据实际需求，确定是否需要建造精准控温保鲜库，并科学使用好已经建造的果蔬精准控温保鲜库，方可获得应有的效果和最大效益。为此，在建造使用精准控温保鲜库时，应考虑以下 4 点。

（1）就目前而言，除设计建造果蔬精准控温试验库外，

图 2－34　产地蒜薹冷库内安装的精准测温
远距离显示装置

生产性精准库必须贮藏易腐难藏高附加值果蔬，方可有较好的经济效益。比如较长时间贮藏蓝莓、樱桃、树莓、冬枣、鲜枸杞等特色水果，可采用冰温贮藏，设计建造果蔬精准控温保鲜库；为保持桃、李子和杏的风味，减免柿子的褐变，延长贮藏期，采用精准控温保鲜库也是有效途径。

（2）冰温库只作为近冰点贮藏的精准控温场所，短期存放的果蔬以及贮藏大宗耐藏果蔬，采用冰温库所发挥的作用不大，从经济效益上考虑不合算。

（3）冰温库内风速通常较低，一般比普通冷库冷却果蔬产品的速率慢。所以，拟进行冰温贮藏的易腐难藏高附加值果蔬，必须事先经专门预冷库预冷后再进入冰温库，方可获得理想的贮藏效果。

（4）冰温贮藏只适宜于贮藏无冷害的果蔬，应结合贮藏果蔬冰点的测定，设置接近冰点的温度，并进行冰温贮藏的温度驯化。尽量靠近冰点温度贮藏，但不能使果蔬遭受冻害。

（二）精准控温保鲜果蔬的评价及展望

精准控温保鲜的理念需要强化，在现有的冷藏实施条件下也会产生明显的效果。建造冰温库采用冰温保鲜果蔬，近年来在生产中已有少量试用，实践证明对延长果蔬的贮藏期和保持品质效果显著，但是不会成为保鲜库建造的主流。

目前国内已将果蔬的精准控温保鲜作为热点研究课题之一，从果蔬冰点快速测定仪开发、果蔬近冰点适应性训化程序、果蔬近冰点温度设置、冰温库制冷系统的优化和节能等方面，进行了基础理论、设备开发与配套技术研究，相信在不久的将来，冰温贮藏特色果蔬将进一步普及，建库成本和能耗会进一步降低，在特色果蔬的较长期保质保鲜方面发挥更大的作用。

第三章 果蔬冷库制冷系统与设备

果蔬机械冷库，是在具有良好保温隔热性能冷库建筑的基础上，通过安装专门的制冷装置，消耗一定的电能或机械能，获得不同果蔬贮藏所需要的适宜低温。使用机械冷库贮藏果蔬，有贮藏产品不易受外界环境条件影响，可以终年维持冷库内所需要的低温等优点，是当前我国果蔬贮藏场所发展的主流。

一、制冷方式、制冷循环、制冷原理和制冷系统

（一）按能量补偿过程的机械制冷分类

根据热力学定律，要使热量从低温物体传导至高温物体，必须有一个能量补偿过程。按照能量补偿过程的不同，可将机械制冷分为压缩式制冷、蒸汽喷射式制冷和吸收式制冷 3 类，他们都是利用液体汽化时需要吸收热量来实现制冷的。

1. 压缩式制冷

能量补偿过程是消耗机械功的压缩过程，制冷剂通过制冷压缩机压缩，由低压状态变为高压状态。该制冷方式在冷

库、制冰、空调上普遍应用。由于压缩式制冷投资相对较少，运行管理较为方便且设备与技术成熟，目前我国的果蔬冷库，利用氨和氟利昂做工质，采用压缩式制冷最为普遍。因此，压缩式制冷是该书讨论的主要制冷方式。

2. 蒸汽喷射式制冷

蒸汽喷射式制冷的工质是水，补偿过程所消耗的能量为热能。该制冷方式耗电量少，特别适用于有较多工业余热的场合。

3. 吸收式制冷

所用制冷剂为溶液（如溴化锂溶液），补偿过程所消耗的能量为热能。可采用低压水蒸汽或75℃以上的热水作为热源，因而对废气、废热、太阳能等的利用具有重要的意义。溴化锂吸收式制冷机因用水作制冷剂，蒸发温度在0℃以上，仅可用于空气调节设备和制备生产过程用的冷水。

（二）单级、双级和复叠式蒸汽压缩制冷循环简介

1. 单级蒸汽压缩制冷循环

单级蒸汽压缩制冷循环简称单级压缩制冷循环，就是制冷剂蒸汽只经过一次压缩而实现制冷的循环，所采用的制冷系统叫单级压缩制冷系统。该制冷系统是制冷及空调上使用最普遍的一种制冷系统，该系统的最低蒸发温度可以达到-30℃以下，对于果蔬保鲜库而言，完全可以满足制冷工艺的要求。

2. 双级蒸汽压缩制冷循环

双级蒸汽压缩制冷循环简称双级压缩制冷循环，来自蒸

发器的低温低压制冷剂气体，被低压级压缩机吸入，经过压缩后，进行中间冷却，再由高压级压缩机进行第二次压缩后送入冷凝器冷却冷凝，冷凝后的制冷剂经过节流膨胀，在蒸发器中吸热蒸发为气体。

双级压缩制冷系统有由两台压缩机组成的双机双级系统，其中一台为低压级压缩机，另一台为高压级压缩机。也有的是同一台压缩机分为高压气缸和低压气缸，这样的压缩机称为单机双级压缩机。采用双级压缩制冷系统，如以 NH_3 或 R22 做工质，分别可获得 -60 ~ -40℃和 -70 ~ -40℃的低温。双级压缩制冷系统通常用于低温库或速冻库。双级压缩制冷循环示意图见图 3-1。

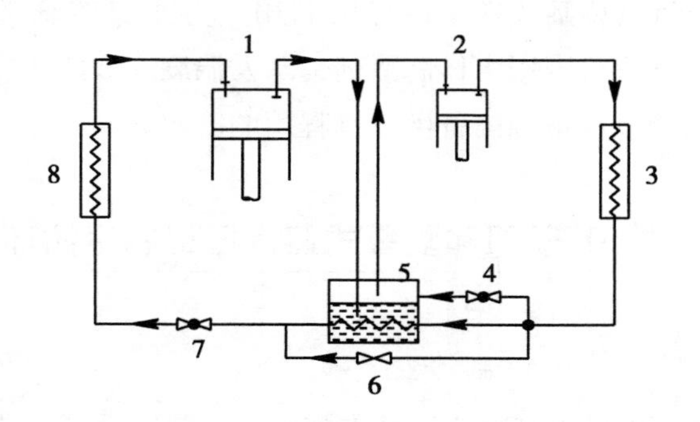

图 3-1　双级压缩制冷循环示意图

1. 低压级压缩机；2. 高压级压缩机；3. 冷凝器；4. 节流阀；5. 中间冷却器；6. 旁通阀；7. 节流阀；8. 蒸发器

3. 复叠式压缩制冷循环

复叠式蒸汽压缩制冷循环简称复叠式压缩制冷循环，所采用的制冷系统叫复叠压缩制冷系统。在整个制冷系统中，使用两种以上不同的制冷剂，单独进行循环而制冷。

复叠式压缩制冷循环以两个单级压缩制冷系统复叠的形式较多，其中一个为高温压缩制冷循环，一个为低温压缩制冷循环，两个制冷循环由蒸发式冷凝器联接成为一个复叠式系统。在复叠式系统中，蒸发式冷凝器既是高温压缩循环的蒸发器，又是低温压缩循环的冷凝器，两种制冷剂虽然都经过蒸发式冷凝器，但是各自独立循环，互不混合，仅进行了热量交换。对低温循环的制冷剂而言，蒸发式冷凝器作为冷凝器放出热量；对高温循环的制冷剂而言，蒸发式冷凝器作为蒸发器吸收热量。

近年来一些大型低温库采用 NH_3 和 CO_2 复叠的制冷系统，高温压缩制冷循环的工质为 NH_3，低温压缩制冷循环的工质为 CO_2，该复叠系统适用于蒸发温度在 －55 ～ －25℃之间的多种工况运行，具有良好的环保性能。

复叠式制冷循环示意图见图 3－2。

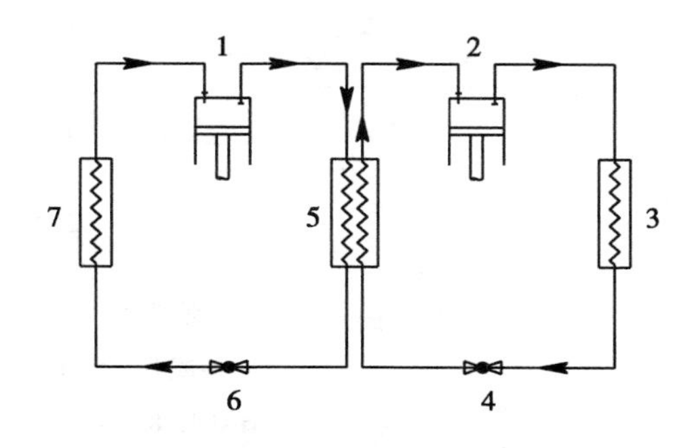

图 3－2　复叠式制冷循环示意图

1. 高温部分压缩机；2. 低温部分压缩机；3. 蒸发器；4. 节流阀；5. 蒸发冷凝器；6. 节流阀；7. 冷凝器

(三)单级蒸汽压缩式制冷原理

目前，我国绝大多数果蔬贮藏保鲜机械冷库采用单级蒸汽压缩式制冷。单级蒸汽压缩式制冷原理可简述为：利用汽化温度很低的液态制冷工质的蒸发（相变），吸收贮藏环境中的热量，从而使库温下降。

通过压缩机将汽化后的制冷工质吸回并加压，在冷凝器中制冷剂将吸收的热量传递给冷却介质水或空气，制冷剂温度得以降低，冷凝成液体；冷凝后的高压液体通过节流阀节流膨胀进入蒸发器，在蒸发器中由液体变为气体相变吸热，实现制冷。如此循环往复，即可实现连续制冷。

单级蒸汽压缩式制冷原理示意图见图 3 -3。

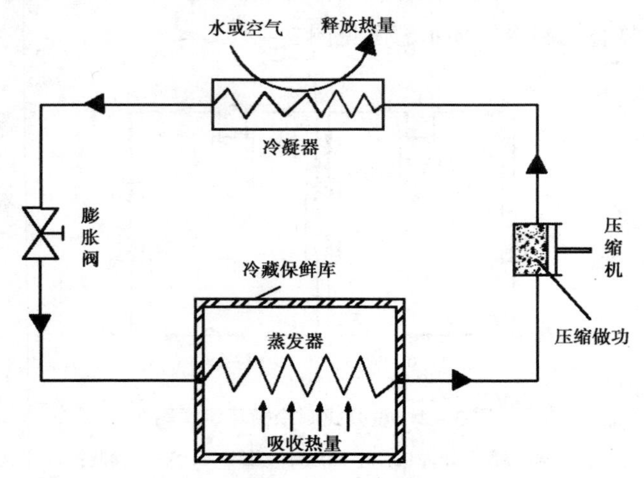

图 3 -3　单级蒸汽压缩式制冷原理示意图

由图3－3可见，单级蒸汽压缩式制冷系统包括四个基本部分：压缩机、冷凝器、膨胀阀（也叫节流阀）和蒸发器。整个制冷系统由循环管路连接，构成一个密闭的循环系统。管路内充注制冷工质。

压缩机在制冷系统中起着压缩和输送制冷剂气体的作用，即把蒸发器内蒸发形成的低压低温气体吸回，压缩变为高压高温气体送入冷凝器。

冷凝器用来对压缩机压入的高压高温气体进行冷却和冷凝，在一定的压力和温度下，把高压高温的气体液化成高压常温的液体。

膨胀阀安装在冷凝器和蒸发器之间，是制冷系统高压区和低压区的分界点，其作用是将高压液体节流膨胀，变为低压液体，同时也是调节和控制制冷剂流量的关卡。

在蒸发器中，节流膨胀后的低压制冷剂液体吸收热量蒸发为气体，通过相变吸热使库温降低，达到冷库制冷的目的。

在单级压缩制冷系统中，整个制冷系统可分为高压区和低压区两部分，压缩机的排气端至膨胀阀节流孔前为高压区，节流孔后至压缩机吸气端为低压区。可通过系统上安装的排气压力表和吸气压力表分别近似读出这两部分的压力，排气压力表显示的是排气压力（高压压力），数值近似于冷凝压力，吸气压力表显示的是吸气压力（低压压力），近数值似于蒸发压力。

压缩机在整个制冷系统中起着类似人体心脏的作用，它借助能源提供能量补偿过程，能源通常为使用电能驱动电动机转化为机械能。

冷凝器和蒸发器是两个热交换器，冷凝器安装在库外，蒸发器安装在库内。在冷凝器中高温高压制冷剂气体冷凝放热，转变为液体，因而冷凝器是库内所吸收热量的排出口；在蒸发器中低压制冷剂液体吸收热量，转变为气体，可见蒸发器是库内热量的吸入口。

理论上讲，从冷凝器排出的热量应等于蒸发器吸入的热量与压缩机工作产生的机械热量之和。制冷剂在系统内循环过程中，通过相变进行吸热和放热，是热能的运载工具，本身性质不发生改变。

单级蒸汽压缩式制冷系统各部位的压力和温度状态如图3－4所示。

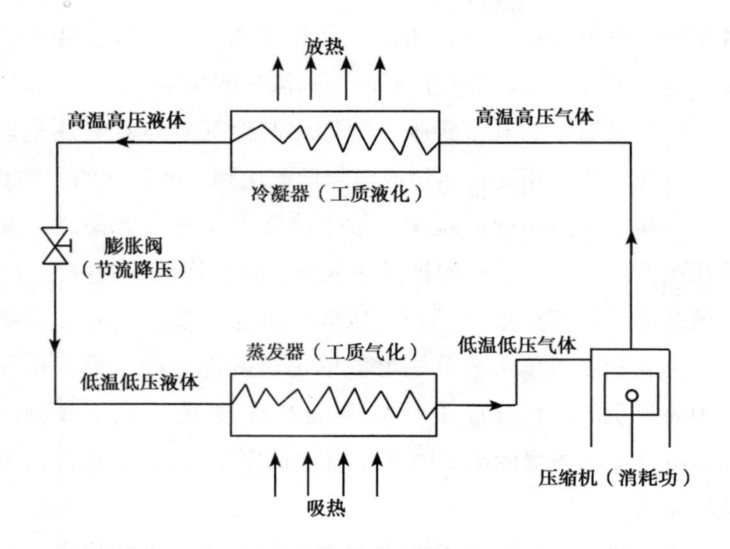

图3－4　单级蒸汽压缩式制冷系统各部位压力和温度状态示意图

(四)制冷系统供液方式

制冷系统通常采用3种供液方式，即液泵供液、直接膨胀供液和重力供液。

1. 液泵供液

液泵再循环供液系统在氨制冷系统中应用十分广泛，近年来在氟利昂制冷系统中也广为采用。应用在氨制冷系统叫氨泵供液，应用至氟利昂制冷系统叫氟泵供液。目前大型制冷系统95%以上采用液泵供液系统。这种供液方式的突出优点是：供夜均匀，能有效减少高压阻力提高制冷效率，特别是适用远距离（100m以上）和大高度（10m以上）集中制冷供液场合。

（1）氨泵供液。氨泵供液系统的工作原理是高压氨液经节流后进入低压循环桶，闪发气体被分离出，氨液由氨泵从低压循环桶输往蒸发器吸热蒸发，蒸发形成的气体和未蒸发的液体一并返回低压缩环桶被再次分离，气体和闪发气体被压缩机吸走，液体和补充来的氨液供氨泵再循环。

（2）氟泵供液。氨泵供液系统的工作原理与氨泵供液工作原理相似，但是氟泵供液是近年来才较广泛地应用于氟利昂制冷系统。这是因为考虑安全性，近年来在大中型冷库上采用氟利昂制冷系统的越来越多，为提高氟利昂制冷系统的制冷效率，在氟系统上也应用氨泵供液系统的工作原理，通过完善和改进系统设计，研究开发并优化了氟泵供液的专用设备和装置（桶泵供液机组）。

制冷上所谓的桶泵机组实际上主要指氟泵供液机组，它是由低压循环贮液桶、离心式屏蔽泵、电气控制箱、结构钢支架等组成，适用于再循环多个蒸发器的供液系统，其工艺管路、阀门、自控元件、电气元件等均已装配齐全，构成桶泵一体化供液装置，能大幅度降低基建投资和基建时间，具有自动供液，液位控制，液位显示，高液位报警，液泵自动保护，自动或手动操作等功能。

氟泵供液系统最关键的设计和技术是考虑油分离和低压系统的回油问题。所以系统辅助设备要求比较严格，一般都选用卧式三级油分、低压循环桶中特殊的回油设计工艺。

氟利昂桶泵供液机组见图 3－5。

图 3－5　氟利昂桶泵供液机组

关于安装液泵再循环冷库的节能问题，安装系统虽然能提高蒸发器的传热系数，从而提高制冷量但同时要消耗电能，如果没有合理的配置和恰当的自控运行程序，就较难做到节能运行。当前不少液泵再循环系统供液量很大，但却不能保证每通路的最小流量；扬程很高但却还很难保证多层冷库的均匀供液，流量基本无法根据制冷负荷的变化而变化。所以对于液泵再循环系统，除了配置必须合理外，还应加强自动控制运行程序的研究，例如分层供液和变流量控制等，只有这样才能达到节能的目的。

2. 直接膨胀供液

利用制冷系统冷凝压力和蒸发压力之间的压力差作为动力，将高压液体经节流降压后直接供入蒸发器制冷的供液方式称为直接膨胀供液（也可理解为压差供液）。在冷库装置中，它是应用最早和最简单的供液方式。该供液系统的优点是，系统相对简洁，运行管理、维护保养的难度小，初投资低。缺点为：供液不易均匀，传热效果受闪发蒸汽影响较大，出现湿冲程导致“液击”的几率相对较大，系统需要在过热循环下运行，产冷量降低。

所以直接膨胀供液主要用于小型氟利昂制冷系统，靠回气过热使得热力膨胀阀在一定范围内自行调整供液量，减免“液击”发生。单独的冷却设备或小型氨制冷系统也有少量采用直接膨胀供液。

近年来，随着大中型冷库的大量建设，特别是我国物流配送冷库的快速发展以及氟利昂系统的大型化，使得集中供冷的制冷系统越来越普遍。在氟利昂制冷系统中采用集中式的制冷机组（并联机组），安装热力膨胀阀直接向分散的冷却设备供液，但供液不均匀是常常碰到的问题。分析原因主要有闪发蒸汽的存在、高差和过大的阻力损失。

小微型冷库制冷系统直接供膨胀供液的配置，是在供液管路上装有过滤器、电磁阀和热力膨胀阀。安装过滤器是为了防止制冷剂液体中的污垢进入电磁阀和热力膨胀阀，堵塞通道影响正常工作。电磁阀的启闭与压缩机的启闭相连锁，防止压缩机停止工作时蒸发器继续供液。进液管上所安装外平衡式热力膨胀阀（或内平衡式），根据蒸发器出口过热度自动调整流量。

3. 重力供液

在重力供液系统中，一般在蒸发器的上部位置设氨液分离器 。来自高压贮液器的高压制冷剂液体，经节流阀节流后进入氨液分离器，节流过程中产生的闪发气体在分离器中被分离，低压制冷剂液体借助于氨液分离器的液面和蒸发器的液面之间的液位差作为动力，实现向蒸发器供液。

重力供液所需要的液位差，由供液管、截止阀、蒸发器及氨液分离器前面的回气管等几部分流动阻力的大小来决定。液位差过小，不足以克服低压制冷剂循环过程中的总流动阻力；液位差过大，其静液柱将影响蒸发压力的稳定和正常的制冷。在制冷系统设计中，氨液分离器的液面，应高于冷藏间蒸发器最高点（一般系指顶管）0.5～2.0m。在多层冷库中，可以分层设置氨液分离器，也可以多层共用一只氨液分离器。

重力供液制冷系统的优点是：①高压制冷剂液体节流

后进入氨液分离器，分离了闪发气体，将低压低温液体供入蒸发器，提高了蒸发器的热交换效率，蒸发器的回气也是先经过氨液分离器把夹杂的液滴分离出来，再被压缩机吸人，减低了压缩机“液击”发生的几率；②由氨液分离器向并联的各组蒸发器供液时，可以用调节阀的开启度调节各蒸发器的进液量，比较容易实现对各组蒸发器的均匀供液；③与直接供液制冷系统比较，重力供液制冷系统有氨液分离器的缓冲作用，因而比较容易实现正常工况的操作调节。

但是重力供液的制冷系统也有一些明显的缺点：①低压制冷剂液体在蒸发器及有关管路里循环，是依靠其相对于蒸发器的液位差所具有的位能，即低压制冷剂液体的重力作为动力，其流速小、流动比较缓慢，制冷剂与管壁内表面之间的放热系数较小，因此蒸发器的换热强度较低；②在几个库房或多层共用一个氨液分离器时，由于低压供液管道长，下层的蒸发器由于静液柱较大，相应提高了蒸发温度；③在库房热负荷剧烈波动的情况下，这种供液方式仍然难以避免压缩机“液击”的发生。因此。一般大、中型冷库已较少采用重力供液系统。目前国内新建的大中型氨冷库采用重力供液的制冷系统已很少，以前采用重力供液的系统多数已经拆除改造成液泵供液系统。

单级压缩重力供液氨制冷系统见图 3－6。

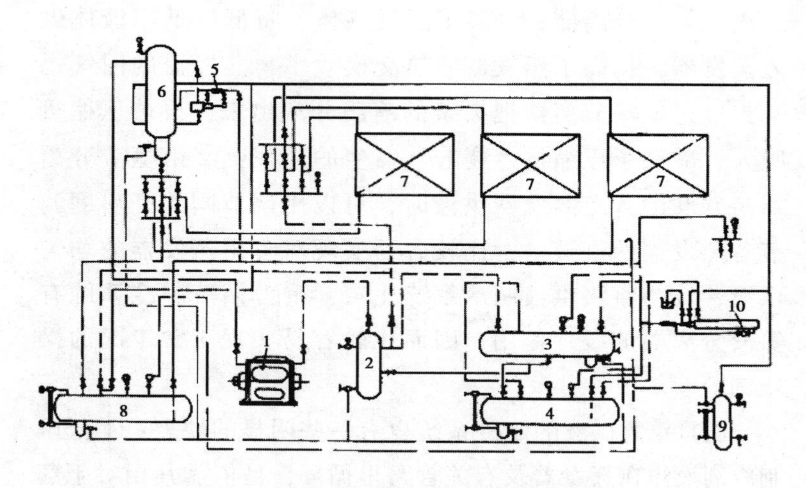

图 3－6　单级压缩重力供液氨制冷系统

1. 压缩机；2. 氨油分离器；3. 卧式冷凝器；4. 高压贮液桶；
5. 调节阀；6. 氨液分离器；7. 蒸发器（排管）；8. 排液桶；
9. 集油器；10. 空气分离器

二、制冷压缩机和制冷机组

用于制冷系统的压缩机叫制冷压缩机。制冷压缩机有容积式和离心式两大类。果蔬冷库中广泛使用的是容积式制冷压缩机。这类压缩机是利用活塞、汽缸结构、转子的旋转、涡旋盘的旋转，使汽缸的工作容积发生变化，使气体压缩和输出。容积式制冷压缩机包括活塞式制冷压缩机、涡旋式制冷压缩机和螺杆式制冷压缩机等。

(一)活塞式制冷压缩机及其分类

活塞式制冷压缩机是问世最早的一种压缩机，至今已发展到相当完善的程度。其工作压力范围广，能适应较宽的能量范围和不同场合，具有高速、多缸、能量可调、热效率高、适用于多种制冷剂等优点。其缺点是：结构较复杂、易损件多、检修周期短、对湿行程敏感、有脉冲振动且运行平稳性差。

活塞式制冷压缩机的分类方式有多种，按使用工质的不同，可分为氨压缩机、氟利昂压缩机和其他压缩机。制冷负荷较大的低温库（比如10 000t以上），通常采用氨制冷系统，使用氨压缩机，也可使用氟利昂螺杆式并联机组；中小型或微型冷库多采用氟制冷系统，使用氟利昂制冷压缩机或氟利昂并联机组。

按封闭方式通常分为开启式、半封闭式和全封闭式3类。

1. 开启式制冷压缩机

压缩机的曲轴功率输入端伸出曲轴箱外，通过联轴器或皮带轮与电动机相连。这种封闭方式尽管有轴封装置，但轴封处较易出现泄漏。另外，开启式制冷压缩机的阀片、活塞环等易磨损部件需经常更换，无故障运行时间相对较短，噪声和震动相对较大。所以，目前除了氨制冷系统仍主要采用开启式制冷压缩机外，氟利昂制冷系统的开启式制冷压缩机已基本被半封闭和全封闭式制冷压缩机所取代。

图3－7和图3－8分别为活塞式氨压缩机和活塞式氨压缩冷凝机组。图3－9为使用活塞式制冷压缩机的氨制冷系统。

图 3－7　活塞式氨压缩机

图 3－8　活塞式氨压缩冷凝机组（正安装布管）

图 3－9　运行中的氨制冷系统

2. 半封闭式制冷压缩机

半封闭式压缩机是将压缩机的机体和电动机的壳体连成一体，构成密封机体。半封闭式制冷压缩机不需要轴封装置，密封性能好，装配质量和易损部件的质量要求较高。目前国内外高速多缸氟利昂活塞式压缩机基本都为半封闭式或全封闭式。常见的半封闭活塞式压缩机如 BITZER 半封闭活塞式压缩机、谷轮半封闭活塞式压缩机、三洋半封闭压缩机组等。

氟利昂半封闭式制冷压缩机见图 3－10，压缩冷凝机组（风冷式）见图 3－11，压缩冷凝机组（水冷式）见图 3－12。

图 3 - 10　氟利昂半封闭式制冷压缩机

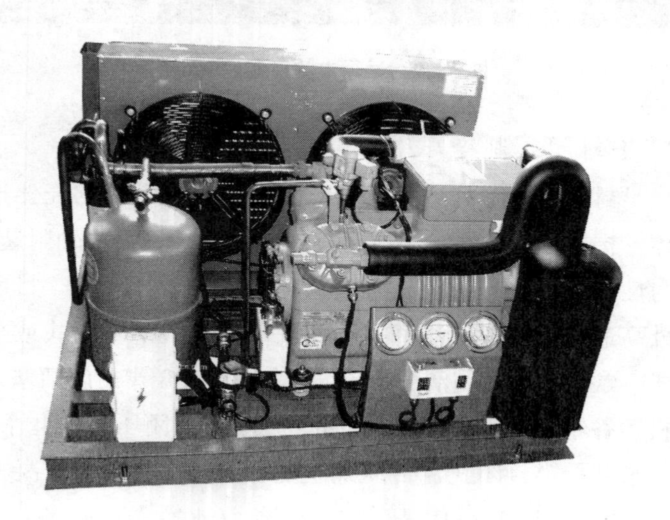

图 3 - 11　氟利昂半封闭压缩冷凝机组（风冷式）

图 3－12　氟利昂半封闭压缩冷凝机组（水冷式）

3. 全封闭式制冷压缩机

压缩机和电动机一起装置在一个密闭的金属壳内，从外表看只有压缩机的吸气和排气管接头和电动机的导线。氟利昂全封闭活塞式制冷压缩机见图 3－13，制冷压缩机组见图 3－14。

丹佛斯全封闭活塞式制冷压缩机是常用的全封闭活塞式制冷压缩机之一，一般分中高温系列和中低温系列，以 R22 做工质、使用丹弗斯美优乐矿物油 160P 作为润滑油的中高温系列压缩机型号多以 MT 打头；以 R404A、R407C、R134a 作工质，使用 160PZ 聚酯油作为润滑的中高温系列压缩机和中低温系列压缩机型号分别以 MTZ 和 NTZ 打头。

图 3－13　氟利昂活塞式全封闭压缩机

图 3－14　氟利昂活塞式全封闭压缩冷凝机组

(二)全封闭涡旋式制冷压缩机

1. 应用和发展情况简述

涡旋式压缩机最早由法国人 Creux 发明，并于 1905 年在美国取得专利。但由于难以制造出高精度的涡旋形状，缺乏实用而可靠的驱动机构，摩擦磨损问题不能妥善解决，因此涡旋式压缩机在将近 70 年的时间里未得到普及应用。直到 1972 年由美国 ADL 公司研制出远洋海轮超导氦气涡旋压缩机，才标志着涡旋式压缩机进入实用化。而空调用涡旋式制冷压缩机于 20 世纪 80 年代初先后在日本和美国商品化，进入 90 年代，涡旋式制冷压缩机的系列化产品相继问世。在我国，涡旋式压缩机的研究开发工作始于 80 年代中后期。以后经过十多年的努力，已形成了比较成熟的涡旋式空调与制冷压缩机设计制造技术。

近年来我国在中高温小微型冷库市场，涡旋式制冷压缩机的使用增长尤为明显，与小冷量活塞式制冷压缩机展开了激烈的竞争。在冷库实际选型安装过程中，涡旋压缩机适用于制冷量需求量不大的场合。管路安装更应规范合理，打压试漏更应仔细，尽可能减少制冷剂泄漏，防止出现缺氟等引起排气温度太高损坏压缩机的现象。这是因为涡旋式制冷压缩机只要出现机器本身的故障，就代表这台机器报废，而不能像开启式或半封闭式压缩机更换某些零配件后仍可重新使用。

2. 结构和性能

与活塞式压缩机一样，全封闭涡旋式制冷压缩机也属于容积式压缩机，但是改变气体容积的方式不同。涡旋压缩机的压力是由于作行星运动的涡旋盘之间的相互作用产生的。涡旋盘是一个渐开型螺旋线，当涡旋盘之一（动涡盘）作行星运动时气体从外开口进入。气体进入涡旋盘后，开口封闭，随着涡旋盘继续作行星运动，气体被压入越来越小的空间，当空间到达涡旋盘的中央，处于高压状态的气体通过位于中央的通道排出。在压缩过程中，几个气室被同时压缩，形成非常平滑的压缩过程。吸气过程（涡旋盘的外侧部分）和排气过程（内侧部分）是连续的。

涡旋式制冷压缩机主要由静涡盘、动涡盘、防自转机构十字滑环、主轴与曲轴、电机定子与转子、壳体与支座等组成。这类压缩机无吸气和排气阀，结构简单，噪声相对较低，无余隙且吸排气同时进行，所以效率高。但涡线体型线加工精度要求很高，必须具备专门的紧密加工设备，并且密封要求高，密封机构复杂。谷轮、日立、大金等品牌都是我国市场常见和使用的氟利昂涡旋式制冷压缩机品牌。分为立式和卧式，使用较多的为立式。

氟利昂涡旋式制冷压缩机外形见图 3－15；涡旋盘剖面及示意图见图 3－16；涡旋式制冷压缩机纵向剖面图见图 3－17；氟利昂涡旋式制冷压缩冷凝机组见图 3－18。

涡旋式制冷压缩机单台排量范围一般为 2.1～78m^3/h，单台功率范围为 1～60HP，冷量范围为 1.7～417.5kW，微型冷库用涡旋式制冷压缩机主要采用 5～15HP 的单元机。全封闭

图 3-15 氟利昂涡旋式制冷压缩机外形

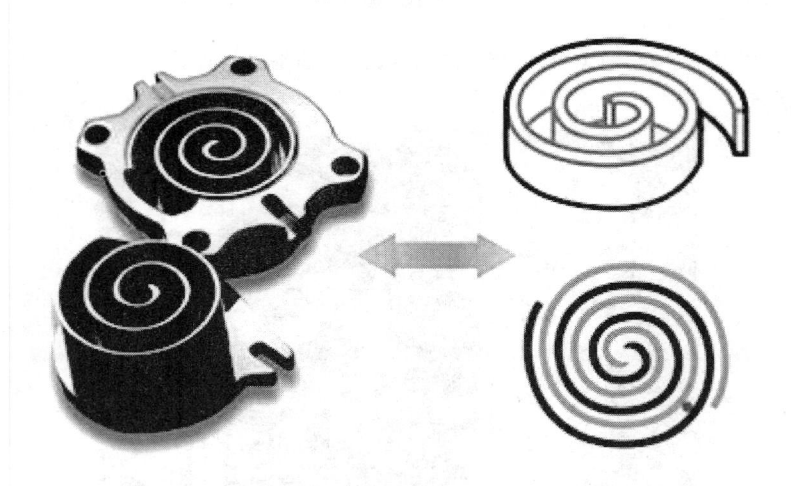

图 3-16 氟利昂涡旋式制冷压缩机涡旋盘示意图

涡旋式制冷压缩机的压比（冷凝压力比蒸发压力），在一定程度上受涡旋盘工作温度的制约，喷液冷却是保证涡旋盘和轴承可靠工作的重要手段。目前，全封闭涡旋式制冷压缩机已

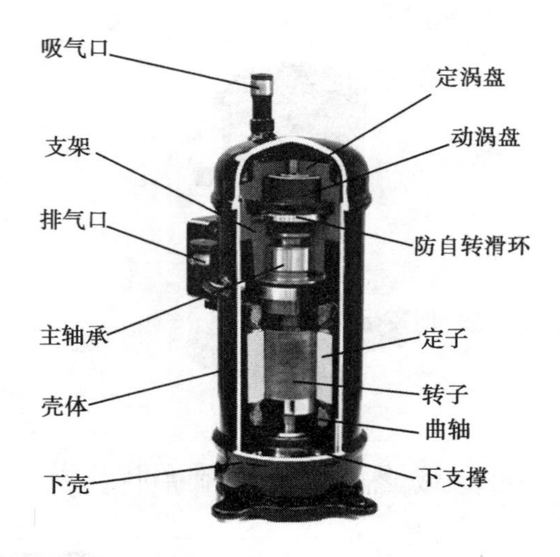

图 3－17　氟利昂涡旋式制冷压缩机剖面图

图 3－18　氟利昂涡旋式压缩冷凝机组（风冷式）

有采用喷射制冷剂到中间级压缩腔实现降低排气温度的技术。

冷藏冷冻用涡旋式制冷压缩机有高温系列、中高温系列和中低温系列，如谷轮牌高温系列压缩机型号多以 ZR 打头；中高温系列压缩机型号多以 ZB 打头；中低温系列压缩机型号多以 ZF 打头。

(三) 螺杆式制冷压缩机

1. 应用和发展情况简述

在制冷空调领域，活塞式制冷压缩机单机制冷量一般在 3 ~ 100kW，在大范围的制冷或空调工况下，必须多台机器并联才能达到设计效果，而螺杆式制冷压缩机单机的制冷量通常在 30 ~ 1 500kW，足以应对各种制冷范围且易于调节。此外，螺杆式制冷压缩机具有结构简单、运行可靠、高效等一系列独特优点，正逐步替代活塞式制冷压缩机的部分市场。

自螺杆式压缩机问世以来，工程师及科研人员就转子型线设计及加工制造技术进行了大量研究与探索，新型高效双边不对称型线设计；转子精密快速加工技术的成熟以及喷油技术的引入；利用螺杆式制冷压缩机吸气、压缩和排气过程处于不同空间位置的特点，在压缩机吸气结束后的某一位置增开补气孔口，吸入来自经济器的制冷剂气体使进入蒸发器的液体过冷度增加，以提高系统制冷量与性能系数；同时调节压缩机能量和内容积比的能量调节机构的应用等，使得螺杆式压缩机已具备结构紧凑、可靠性高、动力平衡性好和适应性强等优点。

2. 结构和性能

螺杆式制冷压缩机是一种新型的高转速制冷压缩机，它与活塞式压缩机一样也属于容积式制冷压缩机。从压缩气体的原理来看，它们的共同点都是靠容积的变化而使气体被压缩，不同点是这两类压缩机实现工作容积变化的方式不同。活塞式压缩机是借助曲轴连杆机构的运动，而使汽缸的工作容积发生变化；螺杆式压缩机则是借助与轴直接连接的转子旋转运动而使工作容积发生变化。

螺杆式制冷压缩机，分为单螺杆式制冷压缩机和双螺杆式制冷压缩机，通常所称的螺杆式制冷压缩机是指双螺杆式制冷压缩机，它主要由机壳、转子、轴承、轴封、平衡活塞及能量调节装置等组成。其中转子是主要部件之一。转子为一对互相啮合的螺杆，其上具有特殊设计的螺旋齿形。其中凸齿形的称为阳螺杆（或称阳转子)，凹齿形的称为阴螺杆(或称阴转子)。在电动机的驱动下，阳、阴转子像齿轮一样啮合旋转，由转子齿顶与机体内壁围成的工作容积周期性扩大和缩小，只需在机体上合理布置吸、排气孔口即可实现吸气、压缩和排气过程。

一般来讲，螺杆式制冷压缩机容积效率可达到90%以上，阳转子外径在75～620mm，使得压缩机排气量可以覆盖0.6～600m^3/min的范围，正常吸排气压差约为1.5MPa，最高可达4.0MPa。

小型螺杆式制冷压缩机内部结构图示和冷压缩机外形见图3－19和图3－20，某中型冷库机房使用的螺杆压缩机见图3－21。

图 3－19　小型螺杆式制冷压缩机内部结构图示

图 3－20　小型螺杆式制冷压缩机

图 3－21　采用螺杆式压缩机的制冷系统

3. 压缩冷凝机组

压缩冷凝机组也叫制冷机组，是将制冷系统中的压缩机、冷凝器、储液器、气液分离器、干燥过滤器、压力保护和压力表等设备配套组装成一个整体。它有结构紧凑，占地小，使用灵活，管理方便，现场安装简单的特点，其中有些机组只需连接水源和电源即可使用。冷库用小微型风冷式压缩冷凝机组，一般只需要用适宜管径的铜管连接热力膨胀阀和蒸发器（冷风机），调试后即可工作。所以，在小微型冷库制冷设施选取中，通常选用不同规格和型号的制冷机组。微型冷库用活塞式风冷压缩冷凝机组见图 3－22。氨压缩冷凝机组是将压缩机和卧式冷凝器做成一体，见图 3－23。

图 3－22　冷库用小微型风冷式压氟利昂缩冷凝机组

图 3－23　氨压缩冷凝机组

三、冷凝器

冷凝器属于制冷系统中的热交换设备，是一个由制冷剂向外放热的热交换器。自制冷压缩机来的高温高压制冷剂蒸汽进入冷凝器后，将热量传递给周围介质水或空气，制冷剂因受冷却和凝结变为液体。冷凝器按其冷却介质和冷却方式，分为水冷式、空气冷却式（也称风冷式）和蒸发式3种类型。

（一）水冷式冷凝器

在氨制冷系统中，由于系统热负荷大，冷凝器绝大多数采用水作为冷却介质，也就是使用水冷式冷凝器。根据其安装和结构不同，水冷式冷凝器又可分为立式壳管式冷凝器和卧式壳管式冷凝器2种。立式壳管式冷凝器通常安装在机房外，卧式壳管式冷凝器或装置在压缩机下（压缩冷凝机组）或安装在机房内。制冷量较大的氟利昂制冷系统，也多采用水冷式冷凝器。为节能和节省投资，在采用循环水的水冷式制冷装置中，应提倡使用卧式水冷式冷凝器；在采用一次性冷却用水的制冷系统中，使用立式水冷式冷凝器比较合适。

采用水冷式冷凝器时，冷凝温度不应超过39℃。对立式壳管式冷凝器，冷凝器冷却水进出口温度差宜取1.5～3℃；对卧式壳管式冷凝器宜取4～6℃。

立式壳管式水冷冷凝器外形见图3－24，冷凝器上的接管示意图见图3－25；卧式壳管式水冷冷凝器外形、内部结构和管接头名称见图3－26、图3－27和图3－28。

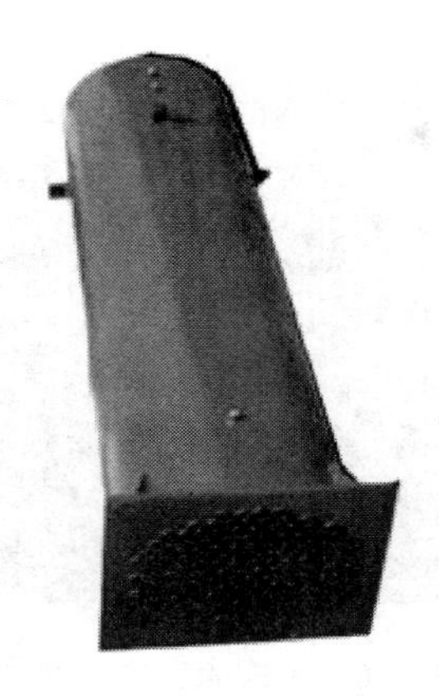

图 3-24 立式壳管式冷凝器外形

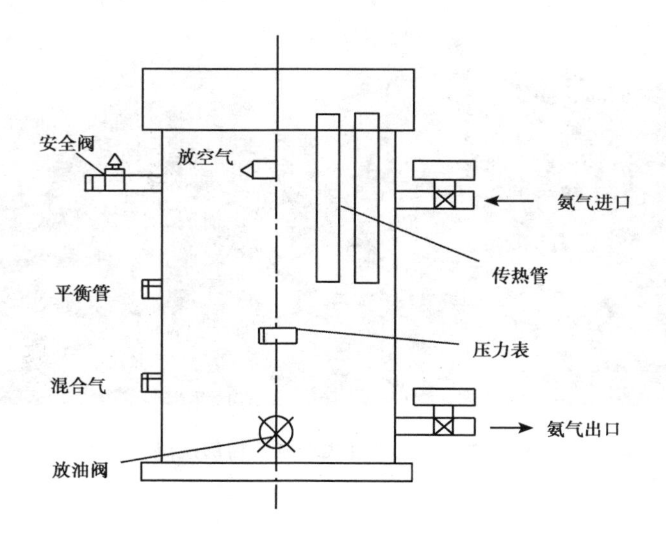

图 3-25 立式壳管式冷凝器接管示意图

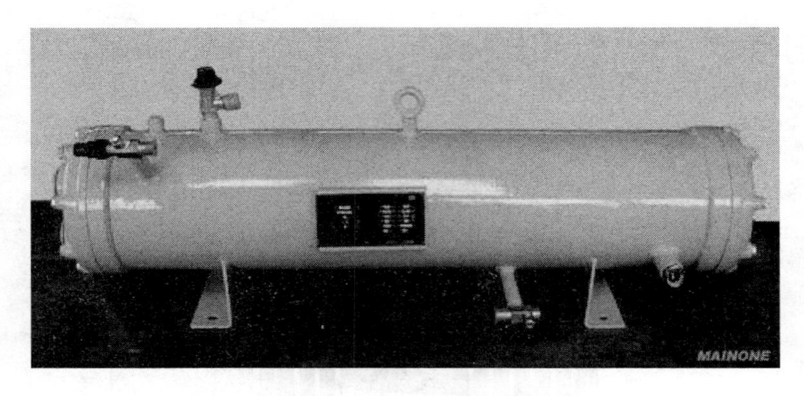

图 3－26　卧式壳管式冷凝器外形

图 3－27　卧式壳管式冷凝器内部换热管

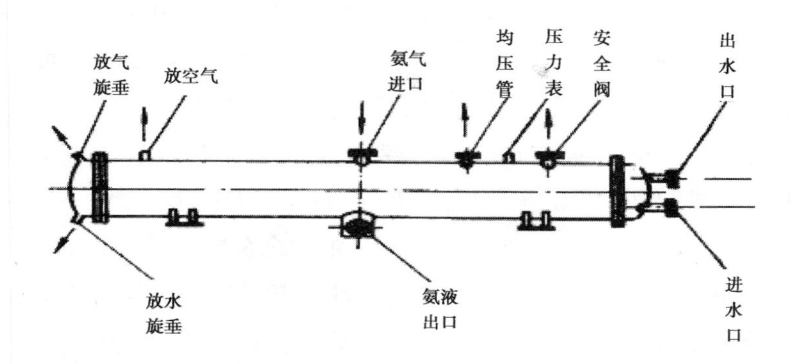

图 3－28　卧式壳管式冷凝器管接头名称示意图

(二)空气冷却式冷凝器

空气冷却式冷凝器也叫风冷式冷凝器，是利用空气对压缩机排出的高温高压制冷剂蒸汽进行冷却和冷凝的，冷却和冷凝过程中放出的热量被空气带走。为了使冷凝器的结构紧凑，通常由几根蛇形管并联在一起，成做一长方体或正方体的外形。制冷剂蒸汽从上部的分配集管进入每根蛇管中，冷凝成的液体沿蛇管下流，汇于液体集管中，然后流入贮液器内。空气在风机的作用下，从管外吹过。

根据换热量不同，空气冷却式冷凝器散热面积通常在 2 ~ 300m^2之间。按照吸风或吹风方向，空气冷却式冷凝器分水平吹风式或吸风式（FNH 型）和垂直吸风式（FNV 型）两种，FNH 型适用于全封闭或半封闭制冷压缩机装配成压缩冷凝机组，FNV 型适于大冷量压缩机配套。

目前，发达国家和国内的一些大型企业采用先进的设计和生产加工工艺，制造出特定结构的内螺纹铜管用在高效冷凝器上，内螺纹管管内平均换热系数为光管的1.3～2倍，可显著提高热交换效率。内螺纹铜管的发展趋势是薄壁化、细径化、高齿化、小齿顶角化。这种趋势使内螺纹铜管的重量进一步减轻，在提高传热性能的同时减少了铜材用量。

风冷式冷凝器，一般采用铜管外加铝合金翅片制作的翅片管（也叫肋片管），船用冷凝器等特定使用条件下，应采用紫铜片制作翅片，采用翅片管使原有铜管的表面积得到大幅扩展，增加了对流换热面积，使得冷凝器既保持较小的体积又减少了铜材用量。常见的翅片包括普通平直翅片、多孔型翅片、波纹翅片、百叶窗翅片等。翅片间距一般为1.8～2.1mm。

对于一个换热器来说，其热阻一般主要是集中在换热器芯体外空气一侧。翅片作为空气流通的通道，因此不同类型的翅片对换热器性能的影响差别很大。国内外的相关研究表明，百叶窗翅片表面的开窗部分具有破坏气流在换热器表面附着层的效果，可使得换热过程进行得更加充分，从而能大大提高散热效果。在相同条件下，百叶窗翅片在换热性能方面较其他类型的翅片具备优势。同时百叶窗翅片的结构紧凑，质量轻，体积小，且可通过直接滚压成形的方式进行加工，非常适于大批量生产，因此具有极为广阔的市场前景。

相对水来讲，空气的传热性较差，采用空气冷却式冷凝器时，其冷凝温度较高，有时可高达40～50℃，使冷凝压力升高，导致制冷机效率降低。但空气冷却式冷凝器具有不需要冷却水的突出优点，因此，特别适用于缺水或者供水困难的地区，或者是夏季室外温度不太高的地区以及冷凝压力较低的制冷剂上使用。此外，由于采用空气冷却式冷凝器的机组，不会发生因缺水或断水引起的机械故障，所以目前这种冷却形式的小型制冷装置应用很普遍。近年来，随着水资源短缺矛盾日益突出，空气冷却式冷凝器正在逐渐向中大型发展，在氨制冷装置上也开始有所应用。

研究和实践均表明，在采用风冷式冷凝器的小型氟利昂制冷机组上，加装喷淋水结构，在用水很少的情况下，对降低冷凝压力，减少能耗效果明显，有类似蒸发式冷凝器的效果，特别是高温地区夏季经常使用的机组。为了减少用水量，获得良好的喷淋效果，有采用脉冲式雾化喷头作为喷嘴的。但是，自来水硬度高时换热管外结垢使热交换变差、长期使用导致铝翅片腐蚀等，是这种简单加装改造的弊端，最好的方法仍是在设计安装制冷机组时，适当增大冷凝器面积。

空气冷却式冷凝器见图 3－29 和图 3－30 所示；风冷式压缩冷凝机组加装喷淋水结构见图 3－31；脉冲式雾化喷头对冷凝器进行喷水的装置见图 3－32。

图 3－29　空气冷却式冷凝器（双风机侧出风）

图 3－30　空气冷却式冷凝器（三风机上出风）

图 3－31　风冷式压缩冷凝机组加装喷淋水系统图

图 3－32　脉冲雾化式喷嘴对冷凝器喷淋

（三）蒸发式冷凝器

蒸发式冷凝器俗称蒸发冷，是一种用水和空气共同冷却的冷凝器，属于目前推广使用的节能型冷凝器，在国内外较大的制冷系统中已得到普遍应用。蒸发式冷凝器通常由专用轴流风机、循环水泵、除水器、喷淋嘴、冷却管组、集水盘和箱体等部件组成。其工作原理是：以水和空气为冷却介质，利用冷却水的蒸发带走制冷剂所释放的热量（蒸发潜热）。蒸发式冷凝器运行时，循环水泵将冷却水抽至冷凝盘管的喷嘴处，然后均匀喷洒在冷凝盘管上（冷凝盘管组如果经过热浸锌处理，抗腐蚀能力强，可增加产品的使用寿命），使冷凝盘管上覆盖一层水膜，管内的制冷剂处于高温高压状态，热量经管体传导被管外的冷却水吸收，冷却水一部分蒸发成水蒸汽通过轴流风机排出壳体外，一部分经过散热片被冷却后重新进入循环水泵。轴流风机驱使空气以3~5m/s的流速掠过冷凝盘管，以获得良好的蒸发效果。除水器能够减少水分散失于空气中，使得冷却水的消耗减少。浮球阀设置于集水槽当中，当冷却水总量消耗到一定程度后，浮球阀开启自动补水。采用蒸发式冷凝器时，其冷凝温度通常不应超过36℃。

蒸发式冷凝器内部构造示意图见图3-33，蒸发式冷凝器外形见图3-34。

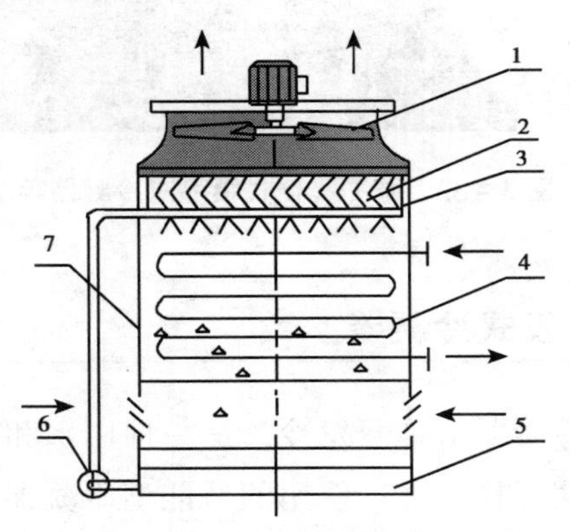

图3-33 蒸发式冷凝器内部构造示意图

1. 轴流风机；2. 除水器；3. 喷淋水管；4. 冷却盘管；
5. 集水盘；6. 循环泵；7. 箱体

制冷系统中采用的蒸发式冷凝器一般设置在较高的位置，以利于水汽的蒸发散热，见图3-35。

换热盘管是蒸发冷的主要部件，一般有多种形式，常用的有碳钢热浸锌管（又分圆管和椭圆管）、铝合金管、不锈钢

图 3－34　蒸发式冷凝器外形图

图 3－35　安装在高处的蒸发式冷凝器

管（又分 314/316 圆管、波接管等），其中碳钢热浸锌型蒸发式冷凝器为最早开始使用的产品，且占有国内大部分的用户，主要用于高压气体冷凝、冷却；铝合金型蒸发式冷凝器为新型节能型新一代产品，适用于制冰机的制冷剂冷凝；不锈钢管蒸发式冷凝器主要用在一些化工厂的腐蚀性气体冷却及冷凝工艺中。

目前，国内蒸发式冷凝器多为上吸风式（与水流方向相反，也叫逆流式），风机置于箱体顶上，优点是箱体内维持负压，水的蒸发温度较低，但风机处于潮湿气流中，容易发生腐蚀，故均采用铝合金风叶和全封闭电机。

蒸发式冷凝器的主要特点是：①耗水很少。考虑飞溅损耗、排污换水等因素，实际耗水量约为水冷式冷凝器耗水量的7%～10%；②节电。测试和实际运行表明，与壳管式冷凝器和水冷却塔组合的系统相比，采用蒸发式冷凝器可降低制冷装置电耗10%左右，而与空气冷却式冷凝器相比，节电比例更高；③整个装置结构紧凑，占地面积少。其缺点是设备初投资稍大。蒸发式冷凝器在我国使用已很普遍，使用中遇到的一些问题是，易出现换热管组的结垢和水喷头的堵塞，但这些问题已经逐步从设计制造和运行管理两方面得到了解决。就运行管理方面而言，主要是保持良好的水质和适时清洗相关部件。

不同厂家对蒸发式冷凝器的命名方式虽然有一定差别，但基本上都是根据排热量（每小时需要散出的热量）来做区别的。压缩机的制冷量和压缩机所消耗的功为总排热量，根据总排热量对蒸发式冷凝器选型更加科学，总排热量要乘以排热系数加以修正。

四、蒸发器及均匀送风道

蒸发器安装在冷库库间内，在蒸发器中，制冷剂液体在较低的压力下沸腾，转变为气体，并吸收被冷却物体或介质的热量。因此，蒸发器是制冷系统中吸收热量的设备。按被冷却介质的特性，蒸发器可分为冷却液体载冷剂的蒸发器和直接冷却空气的蒸发器两大类。冷却空气的蒸发器又可分为冷风机和冷却排管。在果蔬机械冷库中应用最普遍的是冷却空气的冷风机和排管。

(一)冷风机分类、型号及安装

冷风机是依靠通风机将空气通过冷却排管进行强制循环，产生热交换将空气冷却，从而达到降低库温目的的热交换设备。

1. 按使用工质分类

根据系统所用制冷工质不同，冷风机又可分为氨冷风机和氟利昂冷风机。

（1）氨冷风机。氨冷风机的蒸发管多采用直径25～38mm的翅片无缝钢管。根据设计或使用要求，冷风机需配套装设热氨融霜或水融霜系统。热气融霜时，热气进入蒸发器前的压力不得超过0.8MPa。热氨融霜式冷风机比其他融霜方式更节省能源，进入库内的热量少。

氨冷风机通常蒸发面积较大，多采用落地式。氨落地式冷风机蒸发管组大多制成上下两组，管组由无缝钢管（常用φ

25mm 和 φ 32mm 无缝钢管）外绕翅片制成。下部管组翅片间距稍大，上部管组翅片间距稍小。制冷剂液体从下部管组进入，蒸发后形成的气体从上部集管返回。管组上装置融霜淋水管，采用热氨融霜时，也可同时在管组外喷淋水，利于缩短融霜时间。冷风机的最上部是风机室，装置轴流风机，根据冷库的使用性质（冷冻、冷藏或冷却），应选用轴流风机适宜的风量和风压。最下部装有积水盘，用作收集融霜积水并定时排出库外。融霜水的水温不应低于 10℃，不宜高于 25℃。

（2）氟利昂冷风机。氟利昂制冷系统一般采用一组或多组吊顶式冷风机，冷风机管组多用 φ16mm 的翅片紫铜管，配套电热融霜装置或水融霜装置。

2. 冷风机型号

冷风机的型号按用途不同可分为 3 类，DL 型用于高温库（落地式为 LL），DD 型用于低温库（落地式为 LD），DJ 型用于冻结间（落地式为 LJ）。如某冷风机型号为 DL－8.2/40，表示的含义为：用于高温库的冷风机；名义制冷量（制冷工质 R22，库温 0℃，蒸发温度为－7℃时的制冷量）8.2kW；冷却面积 $40m^2$。

用在果蔬保鲜库上的 DL 型冷风机，翅片间距 4.5mm，约 $5m^2$ 承担 1kW 热负荷；DD 型主要应用在低温库，库温约－18℃，翅片间距 6mm，约 $6m^2$ 以上承担 1kW 热负荷；DJ 型主要运用在冻结库，库温约－25℃的环境，翅片间距 9mm，约 $7m^2$ 以上承担 1kW 热负荷。

翅片间距主要是考虑到低温结霜和对空气流动阻力的影响，霜层会导致翅片间距变小，影响风量导致换热变差，所以低温型冷风机（DL 和 DD 型）翅片间距一般都比较大。但目前不少制冷工程师，为了延长融霜间隔，减少融霜次数，常将国产 DD 型冷风机用于小型和微型高温保鲜库替代 DL 型冷风机，使产品预冷时间有所缩短，冷藏过程中融霜次数减少，实践证明这种替代方法是可取的。

3. 冷风机安装

安装冷风机时，应按照制造商所要求的安装条件，且要避免气流通道受阻或气流形成短路循环。氨落地冷风机宜布置在冷库靠近库门的一侧或门对侧正对主通道的位置，靠墙留出以便于安装、维修和操作的位置。

氨落地式冷风机见图 3－36，氟利昂吊顶式冷风机见图 3－37。

图 3－36　氨落地式冷风机

图 3－37 氟利昂吊顶式冷风机

(二)冷库排管

冷库排管是一种用无缝钢管或铝合金管板制作的排管式蒸发器。它通常装置在低温库（温度低于－18℃）和速冻间(温度低于－23℃)，有些高温库为减少果蔬失水，也有设计使用排管的，比如新疆一些贮藏香梨的冷库为降低库内风速，降低水果失水率，采用顶排管做蒸发器。

1. 冷库内常用的排管形式

冷库内常用的排管形式有盘管式排管、立管式墙排管、集管式顶排管和搁架式排管等。

（1）盘管式排管。盘管式排管适用于重力供液和氨泵上进下出式供液系统，其优点是构造简单、制作方便、适用性强，缺点是排管入口处管段中形成的气体必须经盘管全长后才能由出口处排出，制冷剂流动阻力大，内表面传热受到影响，所以一般单根盘管不宜超过50m。

（2）立管式墙排管。立管式墙排管适用于重力供液系统，不适用其他的制冷系统，所以在氨泵强制循环供液一般不采用这种排管。

（3）集管式顶排管。集管式顶排管是冷藏库中应用比较广泛的一种顶排管，适用于重力供液和氨泵供液系统，排管结霜比较均匀，制作安装也较方便。集管式顶排管见图3－38。

图3－38　低温库集管式顶排管

（4）搁架式排管。搁架式排管是集管式、盘管式排管的一种变形，一般是由回气和供液集管连接若干组盘管构成。

在重力供液和氨泵供液系统中，氨液由下部供入供液集管，然后流经盘管的各层横管，吸热蒸发后形成气体或气液混合物，经设置于排管上部的回气集管进入回气管道。搁架式排管的优点是货物装载量大，排管传热系数较高，冻结时间较短。缺点也很明显，排管的存液量多，液柱作用大，操作劳动量大且繁重，除霜麻烦。搁架式排管一般设置于冻结间和小型低温冷藏间，见图 3－39。

图 3－39　小型冻结间的搁架式排管

2. 铝排管蒸发器

是近年来采用新工艺和结构制作的铝合金蒸发排管，具有传热系数高、重量轻的突出优点，已经逐步应用到氟利昂制冷系统的冷库上。从铝材成本及先进压铸工艺等综合成本看，铝排管单位面积价格高于钢排管，但是铝排管传热性能大大高于钢排管。

冷库铝排管蒸发器设计为多片铝合金翼片管，翼片管两端由“U”形弯头串接而成。使用在高温库中的新型铝排管，可配备接水槽和电热融霜线，即在铝排管型材底部位置配备淌水槽及电热丝固定槽，可解决中高温库化霜难、化霜水造成库内积水、潮湿、损坏货品等问题。

根据铝排管规格型号，可用一块或几块组成1～N组，用多路分液管和回气汇管并联连接至制冷系统中。若冷库所用铝排管数量较多，可多组并联以减少气流阻力，提高制冷效率；每路铝排管使用45～60m长的翼片管，制冷量为1.5～2kW；根据铝排组数采用均匀分液连接方式，配置外平衡式热力膨胀阀，感温包应固定在该膨胀阀所供铝排组的回气汇管方向100mm处。

铝排管内部齿纹及配合融霜水收集管见图3－40和图3－41；微型冷库安装的铝排管蒸发器和配套的融霜集水管见图3－42。

图3－40　铝排管截面内部齿纹

图 3－41　铝排管截面及配套的融霜集管

图 3－42　微型冷库安装的铝排管蒸发器和融霜集水管

冷库内正在安装的铝排管及供液管路见图 3－43。

图 3－43 冷库内正在安装的铝排管及供液管路

(三)均匀送风道

冷间长宽尺寸较大时，为了使库内获得比较均匀的温度场和湿度场，一般需要安装均匀送风道。出风嘴直径相同、排列距离相等的风嘴式均匀送风道，首端高度和末端高度相同，但是首端宽度大于末端宽度，即首段截面积大于末端截面积，以保证在出风嘴间距和直径相同的情况下，出风速度相同。均匀送风道沿冷库长度方向安装，出风嘴均匀布置在风道两侧面的中部。这种均匀送风道设计称变风道截面积设计。见图 3－44。

图 3－44　冷库内安装的风嘴式均匀送风道

例如，某苹果保鲜库，进深 18m，宽 15m，高 6.2m，库容积 1 674m^3，配置的冷风机换热量为 67.2kW，冷却面积 330m^2，风量 24 000m^3/h。设置的均匀送风道总长度为 16.1m，首端风管截面尺寸为 2m×0.6m（宽×高），末端风管截面尺寸为 0.4m×0.6m（宽×高），均匀送风管道两侧面上以约 0.62m 的间隔均匀设置 50 个圆锥形送风口，风口的直径为 0.18m。

近年来，有关科研人员设计研制了等截面静压均匀送风道，这种风道由主风道和静压箱等组成。原理是冷风机将空气直接送入主风道，在沿主风道的前进过程中，所送空气通过主风道的出风口进入静压箱，由于静压箱的压力平衡作用，使得在主风道中不同截面上具有不同静压的空气在静压箱中得到平衡，并形成一定的静压值。静压箱内的空气在静压的作用下，经过条缝口射出，从而达到均匀送风的目的。

国内外在一些冷库中，也有采用布袋式风道的。布袋式风道也叫植物纤维风管，其材质一般是用 PVC 加网布、尼龙布、帆布等制作，有延伸气流、出风均匀缓和的效果。

五、节流装置

节流装置是蒸汽压缩式制冷系统中必须的组成部件。节流的工作原理是制冷工质流过阀门时流动截面突然收缩，流体流速加快，压力下降，压力下降的大小取决于流动截面收缩的比例。其作用有节流降压、调节流量和控制过热度等作用。

（一）节流阀

用于氨制冷系统的叫节流阀（也叫调节阀），用于氟利昂制冷系统的是一种特殊的节流阀，叫热力膨胀阀。节流装置在制冷系统中位于贮液器和蒸发器之间。

1. 氨节流阀

氨节流阀和氨截止阀在结构上的主要不同是阀芯的结构和阀杆的螺纹形式，通常截止阀的阀芯为一平头，阀杆为普通螺纹，所以它只能控制管路的通断和粗略地调节流量，难以调整在一个适当的过流截面积上以产生恰当的节流作用，而节流阀的阀芯为针型锥体或带缺口的锥体，阀杆为细牙螺纹，所以当转动节流阀手轮时，阀芯移动的距离不大，过流截面积可以较准确、方便地调整。尽管如此，在调整氨节流阀时也应微小缓慢调整。氨节流阀见图 3－45。

图 3－45　氨节流阀（铸钢焊接型）

2. 热力膨胀阀

在氟利昂制冷装置中，目前所采用的节流装置称为热力膨胀阀。其工作原理是通过感受蒸发器出口制冷剂蒸汽的过热度的大小，来调节制冷剂的流量。这种靠感受回气过热度、在一定范围之内自动调节节流阀开启度的控制流量的阀门，将其称为热力膨胀阀。

热力膨胀阀与氨调节阀的主要不同是，前者通过感温包、毛细导管和阀体上部的气室，可根据蒸发器出口管路温度变化，在一定范围内自动调节节流阀的开启度，使蒸发器出口处的气体保持一定的过热度，这样既能保证蒸发器传热面积得以充分利用，又可防止压缩机出现液击现象。因此，热力膨胀阀的感温包应紧紧包扎在蒸发器出口处的管道上。

氟利昂热力膨胀阀（内平衡式）和热力膨胀阀（外平衡式）分别见图3-46和图3-47，热力膨胀阀内部结构见图3-48。

图3-46　热力膨胀阀（内平衡式）

图3-47　热力膨胀阀（外平衡式）

由上图可见，热力膨胀阀可分为内平衡式和外平衡式两种，内平衡式热力膨胀阀只适用在蒸发压力不太低、容量不大和制冷剂流动阻力不大的蛇管式蒸发器中。当蒸发器较大，

图 3－48　热力膨胀阀内部结构

且蒸发器内压力损失较大时（见附录中附表 28），应当采用外平衡式热力膨胀阀。外平衡式热力膨胀阀适用于制冷剂流动阻值大、蒸发温度低、通路较长、蒸发温度上下波动大或者采用液体分配器多路供液的场合。外平衡式热力膨胀阀与内平衡式热力膨胀阀的主要区别在于前者有一个专用的外平衡管接头，用作引入外平衡压力，另外调节杆的形式等也有不同，其他大致相仿。

外平衡式热力膨胀阀安装位置示意图见图 3－49。

热力膨胀阀感温包的安装位置和调整很重要，需要注意以下几点：①无论在任何情况下，感温包均不能设在回气管中有可能积液和积油的地方；②感温包固定在水平管段上较好。如果条件所限只能垂直安装，应当使它的毛细管一端向上；③调整时如过热度太小（供液量大），调节杆按顺时针方

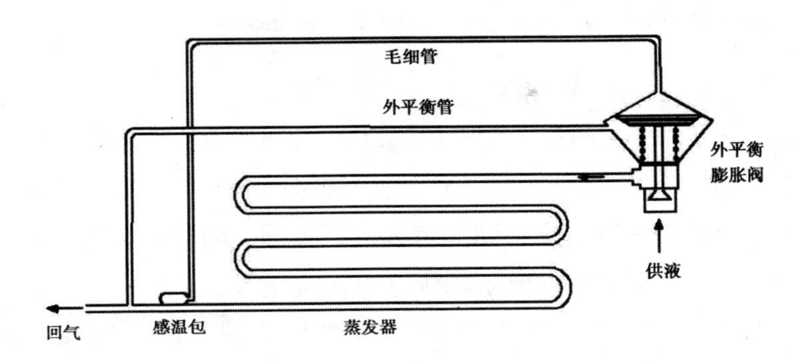

图 3-49　外平衡式热力膨胀阀安装示意图

向转动半圈或一圈，使制冷剂流量减少，如过热度太大（供液量小），调节杆按逆时针方向转动半圈或一圈，使制冷剂流量增大。调节杆螺纹转动一圈，过热度改变 1～2℃，经过多次调整，直至满足要求为止。

热力膨胀阀虽然实现了一定程度的自行调节，但是仍存在对过热度响应的延迟时间长、调节范围有限和调节精度低等缺点。因此，采用精度更高的其他节流手段替代热力膨胀阀越来越引起人们的关注。

(二) 电子膨胀阀

近年来，随着自动化控制技术的发展，一些冷库采用了电子膨胀阀，作为一种新型的节流控制元件，它已经突破了传统节流机构的概念，成为制冷系统智能化的重要环节，也是制冷系统优化得以真正实现的重要手段和保证，已经被应用在越来越多的中小型制冷设备中，最常见的应用是变频高性能家用空调，以保证空调系统的稳定高效运行。

1. 电子膨胀阀较热力膨胀阀的优势

与热力膨胀阀相比，电子膨胀阀在以下几方面有显著优势。

（1）反应和动作速度快。电子膨胀阀的驱动方式是控制器通过对传感器采集得到的参数进行计算，向驱动板发出调节指令，由驱动板向电子膨胀阀发出电信号，驱动电子膨胀阀的动作。电子膨胀阀从全闭到全开状态用时仅需几秒钟，反应和动作速度快，且开闭速度和特性均可人为设定。

（2）适用温度低。对于热力膨胀阀，当环境温度较低时，其感温包内部的感温介质的压力变化大为降低，严重影响其调节性能。而电子膨胀阀的感温元件为热电偶或热电阻，在低温下同样能准确反应出过热度的变化。因此，在冷藏库的冻结间等低温环境中，电子膨胀阀也能提供良好的节流调节。

（3）根据需要灵活调整过热度。只需要改变控制程序的原代码，就可以改变过热度的设定值，便于调整缩小蒸发器表面和库内环境温度的差值。

2. 实现电子膨胀阀控制的基本要求

要通过电子膨胀阀实现节流，必须有检测、执行、控制3部分组成。通常所说的电子膨胀阀大多指执行器，及可控驱动装置和阀体，实际上仅有这部分无法完成控制功能。

检测部分就是需要用配套的温度传感器检测制冷系统的回气温度。

执行部分是指电子膨胀阀本身，主要有电磁式和电动式两种。电磁式电子膨胀阀内部具有电磁线圈，通过电磁线圈上所加的电压大小，调整阀针的开启度以控制制冷剂流量，严格说就叫电磁膨胀阀。电动式电子膨胀阀也叫步进电机型电子膨胀阀，通常意义说的电子膨胀阀就是指电动式电子膨胀阀。电动式电子膨胀阀是由阀体、阀芯、波纹管、传动机构和脉冲步进电机等组成。脉冲步进电机是驱动机构，波纹管是将制冷剂通道与运动部件隔开，防止制冷剂泄漏。传动机构的作用是将电机的旋转运动转变成阀芯的往复运动。

电子膨胀阀控制器是集成了数据采集、逻辑运算、限流驱动为一体的控制器。该控制器与电子膨胀阀配套使用，能根据环境负荷的动态变化自动调整阀的开度，使冷冻系统达到最佳运行状态。此控制器控制过热度可达到 0.5℃的精度。控制器上有的具有按键手动操作功能，数码管显示阀开度，通过设定不同的参数以满足各种冷媒、机型的使用要求。

不同厂商和型号的电子膨胀阀的外形设计不同，图 3－50 是常见结构形式之一。

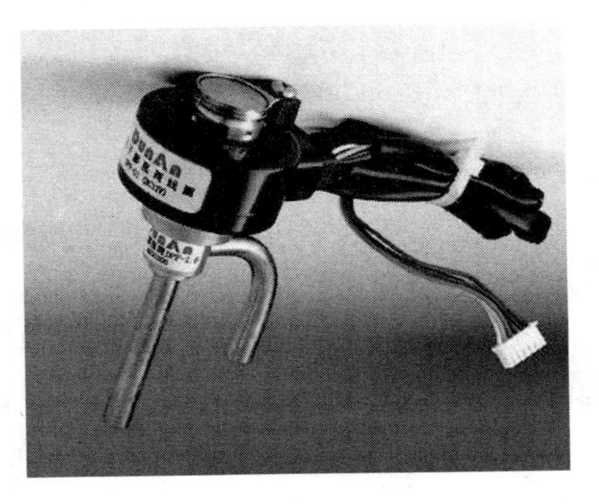

图 3－50　常见电子膨胀阀结构形式之一

六、控制器件

（一）电磁阀

1. 电磁阀的作用

在制冷系统中，电磁阀安装在热力膨胀阀之前的液体管路上，以切断和开启对膨胀阀的供液。在较小的氟利昂单机单库制冷系统中，电磁阀和压缩机电路常连接成连锁控制，即压缩机启动时，电磁阀同时开启，压缩机停止工作时，电磁阀立即关闭。电磁阀的作用是防止压缩机停机后再次启动时造成压缩机“液击”。在单机多库的制冷系统，除安装在热力膨胀阀之前的液体管路上的电磁阀外，每库的供液管上均需安装一个电磁阀，用以控制不同冷间的供液，达到控制不同设定温度的目的。各库间的供液电磁阀的启闭，通常由各库间温控仪控制。当温控仪的触点闭合时，电磁阀电路接通，电磁阀开启，库间制冷；反之电磁阀关闭，库间停止制冷。

2. 电磁阀的分类

电磁阀可分为直动式和导压式两大类。直动式是直接吸动阀芯以启闭阀口；导压式是利用小阀口的启闭带动大阀口的启闭，这种电磁阀的小阀口和大阀口分做成两个阀体，即导阀和主阀。导阀和主阀可以分开安装，用导压管连接，也可在主阀的阀体上开导压阀孔，将导阀直接拧在主阀盖上，连接成电磁主阀。

根据电磁阀的动作过程，可将其分为一次开启式（直动开启式）和二次开启式（导压开启式）两种类型。由于二次开启式电磁阀的特点是：电磁阀线圈仅仅吸合尺寸和重量都很小的铁芯，打开操纵孔（小阀口），再利用管道中的液（气）体介质的压力，形成压差，推动主活塞，打开阀门。因此，不论电磁阀的通径大还是小，其电磁部分包括线圈都可做成一个通用尺寸，使二次开启式电磁阀具有重量轻，尺寸小，便于系列化生产等优点。所以，二次开启式电磁阀在制冷系统中应用相当普遍。二次开启式电磁阀除了采用活塞结构外，还有其他多种形式。

国内电磁阀生产厂家很多，价格相对便宜，国外品牌的电磁阀价格较贵，但性能比较可靠，使用相当普遍，如意大利的卡士妥（CASTEL）电磁阀、丹麦丹佛斯（DANFOSS）EVR 型电磁阀、美国欧可（OKE）电磁阀等。同一品牌的电磁阀有不同规格，应根据系统设计合理选用，安装时注意电磁阀上的箭头指向应与制冷剂流动方向一致。

制冷系统常用电磁阀外形见图 3－51、图 3－52，线圈和阀体安装示意图见图 3－53。

（二）温度控制器

温度控制器也叫温控仪，简称温控，它是用来自动控制冷库温度的一种开关，在制冷系统中应用很普遍。常见的温度控制器主要有电子式温度控制器和温包式温度控制器，前者应用比后者更为普遍。

图 3-51 制冷系统常用电磁阀（扩口连接）

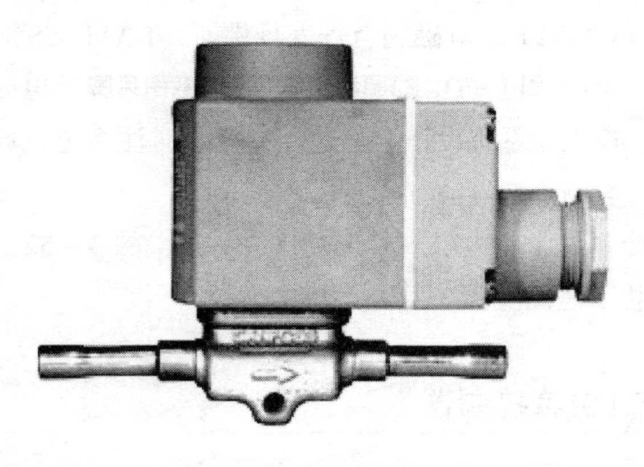

图 3-52 制冷系统常用电磁阀（焊口连接）

1. 电子式温度控制仪

目前在制冷装置的温度检测与控制中，所采用的电子元器件和仪表大多数由热电阻或半导体热敏电阻（传感器）、导线、控制显示仪表（信号转换器）所组成。电子温度控制器

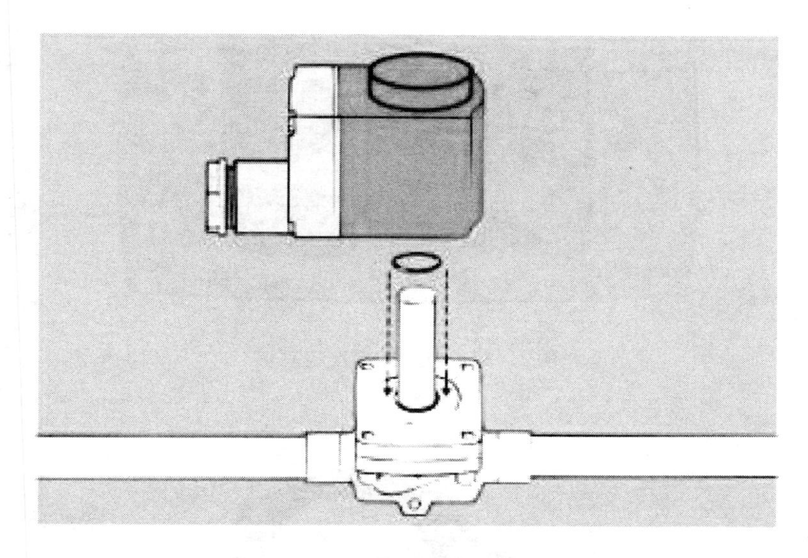

图 3－53　线圈和阀体安装示意图见图

具有精度高，检测和控制距离远，容易实现多点检测和调节等优点，因此应用十分广泛。感温部分称为温度传感器或感温探头，设置在冷库内有代表性的位点。目前冷库内最常用感温探头有金属热电阻和半导体热敏电阻两类。金属热电阻中 Pt100 铂热电阻和 Cu50 热电阻应用最为普遍。

常见电子式温度控制仪见图 3－54，Pt100 温度传感器见图 3－55。

金属热电阻的电阻值和温度一般可以用以下的近似关系式表示，$Rt = Rt_0 \left[1 + \alpha\ (t - t_0)\right]$

式中：Rt 为温度 t 时的阻值；Rt_0 为温度 t_0（通常 t_0 = 0℃）时对应电阻值；α 为温度系数。

金属热电阻和半导体热敏电阻的阻值均会随着温度的变

图 3-54 电子式温度控制仪

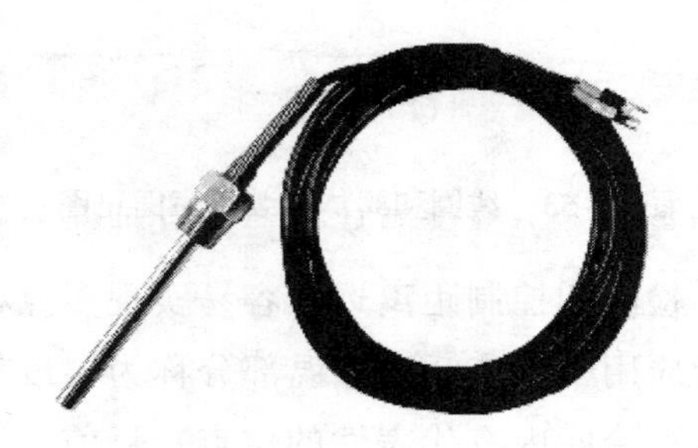

图 3-55 Pt100 温度传感器

化而改变，如 Pt100 在 0℃时阻值为 100Ω，100℃时的阻值约为 138.5Ω；Cu50 在 0℃时阻值为 50Ω，在 100℃时它的阻值约为 71.4Ω。这种随温度升高电阻值也升高的温度传感器叫正温度系数传感器，简写为 PTC 传感器。

Pt100 热电阻适用于中性和氧化性介质，测量准确，稳定性好，温度越高电阻变化率越小。相比较而言，热敏电阻的温度系数更大，常温下的电阻值更高（通常在数千欧以上），但互换性较差，非线性严重。因此在冷库库温测控上，采用由 Pt100 热电阻组成的温度控制器居多。

Pt100 热电阻还可分为 A 级和 B 级，A 级测温精度是 ±（0.15 +0.002｜t｜）℃，B 级测温精度 ±（0.30 +0.005｜t｜）℃，即 A 级精度高于 B 级。精度高的 Pt1000 热电阻价格相应要高。

在需要自行连接安装温度控制仪的场合，常使用温度变送器，通过温度变送器把温度传感器（如 Pt100）的信号转变为电流或电压信号（标准输出电流信号主要为 4 ~ 20mA，标准输出电压信号主要为 1 ~ 5V），接入二次仪表上，从而显示出对应的温度，并进行调节控制。

实践中发现，如选用价格低廉的温控仪，当使用环境温度较高（大于 35℃）或较低（低于 －10℃）时，常导致测量值和设定值均产生较大温度漂移误差，这种误差在贮藏环境中造成的叠加误差幅度会超过 3℃，对中、长期贮藏的农产品质量影响严重。所以，通常应将温控仪安装在机房内，以减免外界温度的影响。不少温控仪上也标出使用环境温度为 0 ~ 60℃，由此可见低温对温控议精准工作的影响更明显。

此外，最好选择测控稳定性高的品牌温控仪（如 dixell 等），要求显示分辨率 0.1℃。

以 －50/150℃ 意大利小精灵（dixell XR40C）操作为例，设置葡萄的贮藏温度为 －1 ~ 0℃，应设置 －1℃，幅差值 1℃，设备即在 －1 ~ 0℃ 区间运行。温控仪带有融霜时间和融霜间隔设置功能，一般融霜时间出厂设置为 30min，融霜间隔出厂设置为 6h。融霜时间一般不要变更，但是融霜间隔必须根据贮藏果蔬种类和阶段做调整，对于葡萄而讲，参考设置是：

葡萄入库初期间隔短（10～20h），温度稳定后间隔时间长（几天至十几天），冬季制冷机运行少时融霜间隔会更长。准确的融霜间隔必须根据人为观察蒸发器的结霜情况而定，当蒸发器上有白色霜层但是没有明显阻挡出风时即应除霜。所以，应根据使用阶段及时调整融霜时间。

●2. 温包式温度控制器●

温包式温度控制器是一种老式的温度控制器，目前使用相对较少。各种温包式温度控制器尽管其结构和温包形状各有特点，但基本结构和工作原理大致相同，是由感温系统和控制开关等组成。感温系统多数是由感温包、传压毛细管和波纹管所组成。在封闭的感温系统内充以感温物质。当温包感受被测介质的温度变化后，液体的饱和蒸汽压力作用于波纹管上，使波纹管对杠杆产生的顶力矩与弹簧所产生的力矩平衡，从而控制触头的分开和闭合。

根据不同的温度控制要求，感温包内所充注的感温物质通常不同。因此，在选用温包式温度控制器时，要根据所需要的温度控制数值和具体的环境条件来选择适宜的型号。温包式温度控制器常用在控温精度要求较低的场合，控制精度一般为设定温度±1℃以上。温包式温度控制器见图3－56和图3－57。控温精度可通过幅差调节杆进行调节（图3－57左下方旋钮内为幅差调节杆）。

在单机单库场合，可用温度控制器控制压缩机的开停，使库温稳定在所需的范围内。在单机多库的制冷装置中，温度控制器和电磁阀配合使用，可对多个库房的温度进行控制。

根据绝大多数果蔬的适宜贮藏温度范围，选择温度控制

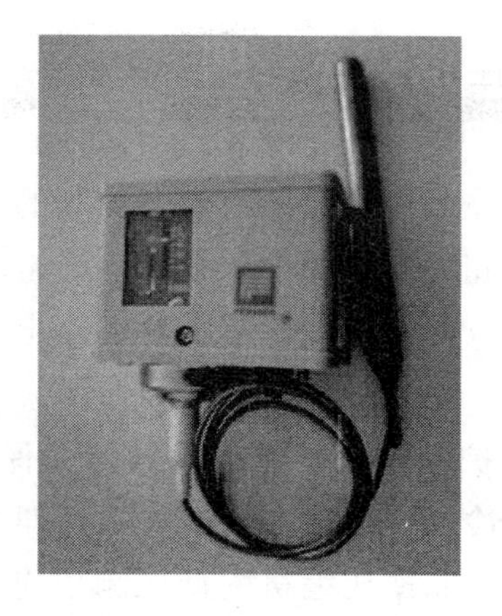

图 3-56　温包式温度控制器

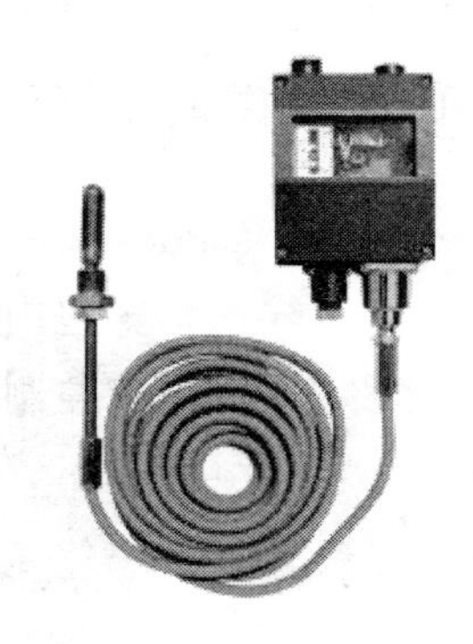

图 3-57　温包式温度控制器

器的可调整范围通常以覆盖 -5~15℃的范围为宜，因为常见果蔬种类贮藏的最低温度一般为 -3℃（如冬枣），最高温度为 13℃（如甘薯、芒果、香蕉、冬瓜等）。

(三)高低压力控制器

高低压压力控制器是受压力讯号控制的开关，通常是在制冷系统内压力超过设定的上限或低于设定的下限时，控制器触点断开，导致电路断开，使压缩机停止工作，因而也叫压力保护器。

不少压力保护器包含高压保护和低压保护两方面功能，高压压力腔与制冷压缩机的高压侧相连，即安装在排气管道上；低压压力腔与制冷压缩机的低压侧相连，即安装在回气管道上。PK 型高低压力保护器是制冷上常用的压力保护器，见图 3－58。也有的采用压力开关，需要用两只压力开关分别控制高压压力和低压压力，如图 3－59 所示。

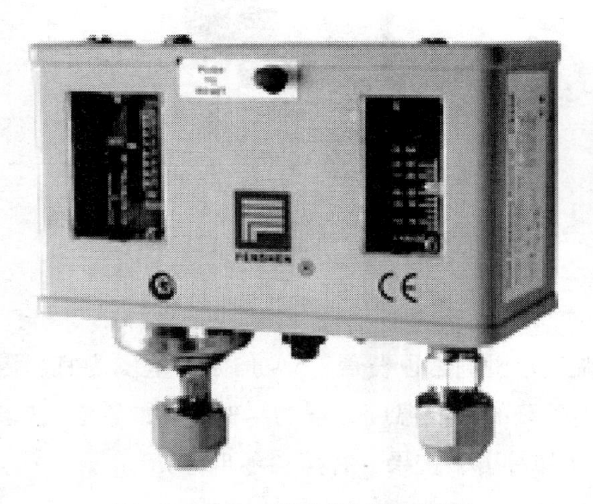

图 3－58　PK 型高低压力保护器

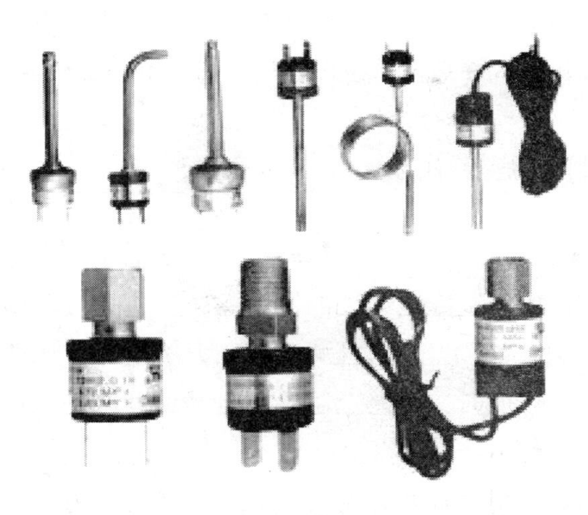

图 3－59　多种型号的压力开关

在下列情况下，容易造成系统内压力过高：①水冷式冷凝器发生断水或水量供给严重不足；②压缩机启动时排气管路的阀门未打开或开启度不够；③系统中不凝性气体（主要是空气）过多；④风冷式冷凝器翅片堵塞、灰尘严重或风机停转。为此，通过压力控制器来控制制冷系统的排气压力，一旦超过设定值，控制器立即切断压缩机控制电路。

制冷装置的吸气压力过低常由下列原因造成：①制冷系统发生堵塞（常见电磁阀处或节流阀处）或供液阀、电磁阀未打开；②蒸发器结霜严重；③制冷剂充注不足或泄漏。

当低压压力低于设定的低压值时，控制器立即切断压缩机控制电路。制冷机在吸气压力很低的情况下运行，虽然不会发生危险，但有空气更容易进入系统、制冷效率明显降低、全封闭压缩机润滑异常、排气温度异常升高等弊端。所以当低压压力减低到一定下限时，也应予以保护。全封闭涡旋式制冷压缩机更应注意低压保护的设置和调节。

(四)压差控制器

压差控制器的作用是维持高压压力和低压压力之间的差值，它广泛用作制冷压缩机的润滑系统，也是液泵防止气蚀的安全保护装置。当压缩机润滑油压力不能保持比曲轴箱压力高出某一数值时，压差控制器能自动切断电动机电源，从而起到保护作用。

活塞式氨制冷压缩机油压表上所反映的压力并不是真正的油压，真正的油压应该是油泵出口压力与低压（曲轴箱）压力的差值。氨压缩机油压保护是一只带延时装置的压差控制器，如JC3.5型压差控制器的主要技术指标为，压差调节范围0.049～0.34MPa，最大工作压力1.57MPa，延时时间60±20s。由于压差控制器电路中具有延时机构，才能保证压缩机在极低油压下正常启动，即从压缩机启动到正常油压建立约需时间60s。若无延时机构，则在压缩机刚启动时，因油压小于给定值，压差控制器的开关会立即切断压缩机的电源，造成压缩机无法启动投入工作。

压缩机正常运转所需要的油压，对于外齿轮油泵、无能量调节的老系列压缩机，一般应是0.075～0.15MPa，对于转子式油泵和有能量调节装置的新系列压缩机，其油压应在0.12～0.3MPa，油压给定值应按运行需要自行调节，一般情况调节到0.15MPa左右即可。

在氨泵供液的制冷系统中，因氨泵常用屏蔽泵，它的石墨轴承需要氨液来润滑和冷却，电动机也需氨液来冷却，故氨泵不能断液运行。因而，氨泵的进出口压差必须保持在一定数值以上，以免氨泵发生“气蚀”现象，通常也是采用压差控制器来保证。当氨泵进出口压差小于给定值时（下限一般为0.04～0.09MPa），控制器能自动切断电动机电源，使氨泵停止运行，起到保护作用。当氨泵刚启动时，进出口氨液压差还没有建立起来，要靠延时继电器保证氨泵在启动建立压差过程中能够运转，一般设定延时时间为8s。当延时终了压差仍达不到0.06MPa的压差，则停泵报警。

（五）蒸发压力调节器

蒸发压力调节器是用以调控制冷系统蒸发压力的器件。蒸发压力调节阀（KVP，国内型号ZFY），根据容量大小有直动式和导阀与主阀组合控制式，前者用于小型装置，后者用于大型装置。

蒸发压力调节器安装在蒸发器后的吸气管路上，主要用于如下场合：①维持恒定的蒸发压力，进而使蒸发器表面温度保持恒定。调节器的控制是可调节的，通过调节器在吸气管路上的节流作用，使制冷剂的流量同蒸发器的负荷相匹配；②防止蒸发压力过低（如防止冷水机组中蒸发器冻裂）。当蒸发器中的压力低于设定值时，调节器关闭；③用于一台压缩机配置不同蒸发压力的两个或两个以上蒸发器的制冷系统。

一台制冷压缩机配置不同蒸发压力的两个蒸发器系统的

冷库，工程上称一机二温冷库。这种需求通常多用在小微型氟利昂制冷系统的冷库上，高温库（0℃左右）用作贮藏果蔬，低温库（-18℃左右）用作冷藏肉类或水产品。

对于一机二温冷库，一台压缩机要同时向两个不同温度要求的冷间供冷。按制冷要求，高温库应具有较高的蒸发压力，而低温库应具有较低的蒸发压力。但压缩机的吸入压力，总是随低温库而变化。为使高温库得到较高的蒸发压力，以得到较高且恒定的蒸发温度，在高温库回气管路中需要设置蒸发压力调节阀，这就使阀前的压力恒定在给定范围之内，而使阀后的制冷剂气体压力与压缩机吸气压力一致，既保证了系统中各个蒸发器在各自不同工况下正常工作，又有利于压缩机在较稳定的吸气压力下运转。

举例，某一机二温冷库，采用R22作制冷工质，高温库间温度要求为0℃，估算其蒸发温度 to = t 库温 + Δt = -8℃（Δt 取 -8℃），对应的蒸发压力 P_0 = 0.3799MPa（表压力 0.2799 MPa），运行过程中调整时，在压力表接口上安装压力表，一边调节设定螺钉，一边观察压力表读数，到蒸发压力达到需要的0.28MPa时为止。在高温库蒸发器回气管路中设置蒸发压力调节阀的同时，在低温库回气管路中设置单向阀。一机二温冷库制冷系统示意图见图3-60。

蒸发压力调节器外形见图3-61，下端接口连接蒸发器，侧段接口连接压缩机吸气。根据制冷量不同，应选择不同型号的蒸发压力调节器。

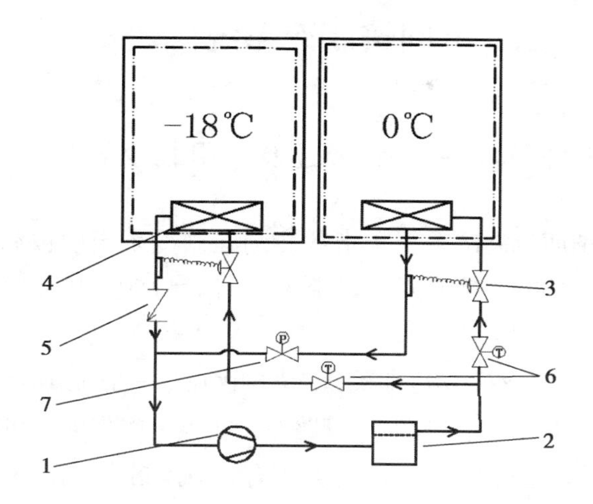

图 3-60　一机二温冷库制冷系统示意图

1. 压缩机；2. 冷凝器；3. 膨胀阀；4. 蒸发器；5. 止回阀；6. 温控电磁阀；7. 蒸发压力调节阀

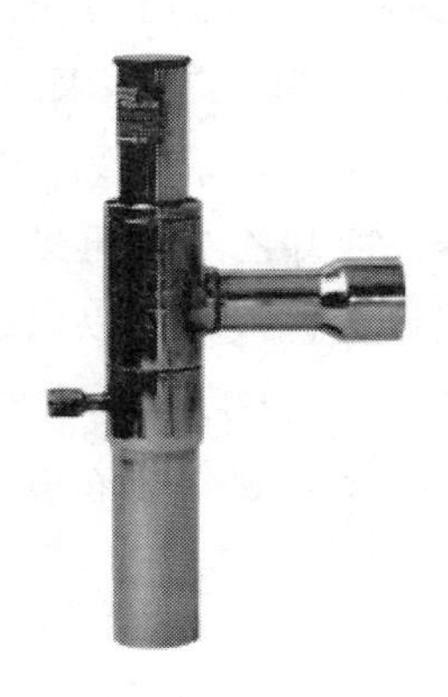

图 3-61　蒸发压力调节器

七、乙二醇间接制冷系统

(一) 间接制冷系统概述及常用载冷剂

所谓间接制冷系统是指载冷剂在制冷系统中被制冷剂冷却后，再冷却被冷却对象的制冷系统。目前间接制冷系统最常用的载冷剂为乙二醇。

采用乙二醇间接冷却系统最大的优点，一是通过减少液氨制冷剂的充注量、避免氨制冷管路布置在人员密集场所和冷库内，提高了冷库运行的安全性，二是可有效地控制蒸发温度，通过缩小蒸发温差，可明显降低所贮藏果蔬失水损耗。所以在果蔬冷库特别是果蔬气调库和冰温库，采用乙二醇间接冷却系统具有一定的优势。此外，20 世纪 80 年代前后一些城市建造的大中型食品冷库（低温库）或果蔬贮藏库（高温库），多数采用氨制冷系统，现在多属于人口密集区域，为了提高冷库运行的安全可靠性，也有采用氨改氟、乙二醇间接制冷系统设计方案的。

采用板式换热器先冷却乙二醇再进行冷间制冷的间接制冷系统，系统中一般设置视液镜，以保证板式换热器的正常工作，避免因缺氟而使蒸发温度太低，导致板式换热器冻结。所以，制冷剂的充注要结合观察视液镜中制冷剂液体的流动情况准确加注。

(二) 乙二醇间接制冷系统

冰温库乙二醇间接冷却系统示意图见图 3－62，某高温库乙二醇间接冷却系统局部管路连接实例见图 3－63。

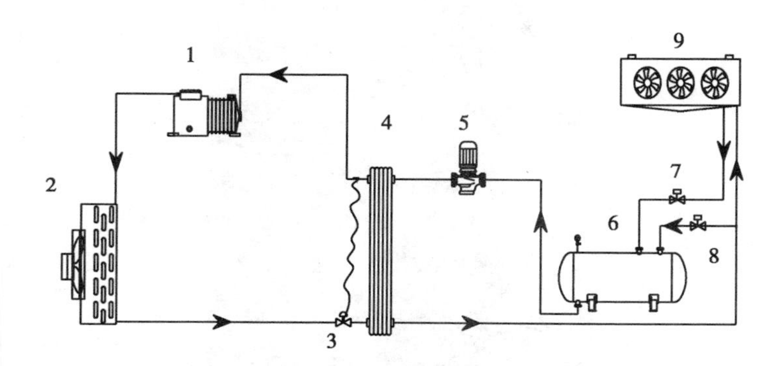

图 3－62 乙二醇间接冷却制冷系统示意图（单泵循环）

1. 压缩机；2. 冷凝器；3. 热力膨胀阀；4. 板式换热器；
5. 乙二醇循环泵；6. 乙二醇贮罐；7. 能量调节阀；
8. 电动旁通阀；9. 冷风机

由于乙二醇溶液随温度降低黏度增高很快，所以通常设定乙二醇的使用温度在－20℃以上。根据果蔬冷藏技术经验，果蔬在冷却降温期间，乙二醇回液温差可设置 5～6℃，在温度稳定后的冷藏期间，乙二醇回液温差可设置 2～3℃。冷藏期间供液和回液温差的缩小，主要目的是减少果蔬长期贮藏中的失水干耗。

以苹果气调库为例，最低贮藏温度一般在－1.5℃以上，所以冷却降温期间，控制蒸发器中乙二醇溶液温度为－7.5～－6.5℃，冷藏期间，控制蒸发器中乙二醇溶液温度为－4.5～－3.5℃即可。系统设计则可按乙二醇出液温度为－10℃，回液为－5℃。

图 3－63　采用乙二醇做冷媒的间接冷却制冷系统

（三）乙二醇载冷剂输送管路

乙二醇水溶液对镀锌钢管和碳钢管有一定的腐蚀性，所以不宜采用镀锌钢管或无缝钢管作为循环乙二醇的管道。若采用无缝钢管，施工时应特别注意管道内部清洁，以防造成管道及制冷系统板换或其他类型的蒸发盘管堵塞。管道焊接施工完毕，应按清洗步骤仔细清洗管道系统，清查管内杂物。注入乙二醇溶液时，可添加一定比例的乙二醇抗蚀剂SMT－AC。

近年来，塑铝 PPR 稳态复合管用于输送间接冷却系统中的乙二醇水溶液，应用效果良好。塑铝 PPR 稳态复合管由传统的 PPR 管演变而来，内管为普通 PPR 管材，外层为 PPR 塑料保护层，中间为铝层，铝层和塑料层之间通过热熔胶连接。

该管材同时兼容普通 PPR 管的耐腐蚀性和金属管的刚性，起主要承压作用的是内管中的 PPR 层，通过一体化的铝层达到稳定的机械性能，具有线性膨胀系数小、不渗氧、抗紫外线、高强度、高耐温性等综合物理性能。但 PPR 塑铝稳态复合管在热熔承插焊接前，需先通过专用工具清除管材插口部分的铝层保护层。如经济条件允许或其他特殊场合，可使用不锈钢管道。塑铝 PPR 稳态复合管见图 3－64。

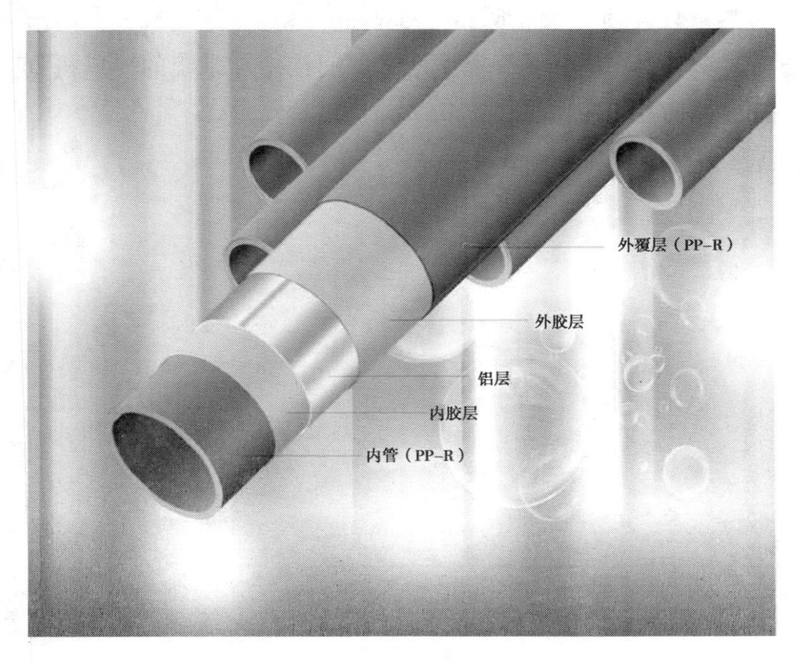

图 3－64　塑铝 PPR 稳态复合管结构

随乙二醇溶液浓度的加大，冰点降低，当水溶液的温度低于冰点时，溶液就会结冰，所以在系统运行过程中，应当控制乙二醇水溶液的凝固点比制冷系统的最低蒸发温度低4～5℃。按乙二醇出液温度－10℃计算，蒸发温度一般应在－20～－17℃，配置的乙二醇制冷浓度应为31.2%～40%，对应的起始凝固温度为－22～－17℃（附表26）。

根据相关资料介绍，采用乙二醇冷却系统选择空气冷却器（冷风机）的面积，对于钢制肋片式空气冷却器传热系数K值，通常取17～23W/m^2·K，对于铝制肋片式空气冷却器传热系数K值，通常取23～23W/m^2·K。为了提高乙二醇溶液在蒸发器中的换热强度，乙二醇间接冷却系统的冷风机宜用铝制肋片式冷风机。

第四章　常用制冷剂及冷冻机油

制冷剂又称制冷工质，它在制冷系统中循环并产生相变，通过相变吸热，起到传递热量的作用。在蒸汽压缩式制冷循环中，制冷剂在蒸发器内吸热汽化，在冷凝器中放热液化，在循环和相变过程中，就将冷库中的热量传递给了库外的冷却介质。

一般而言，特性优良的制冷剂应具备的基本特征是：易冷凝且冷凝压力不能太高；标准大气压下，汽化温度较低；汽化潜热大，单位容积制冷量大；无毒，不易燃烧和爆炸，无腐蚀，价格低廉；对大气臭氧破坏作用小或无破坏，对地球表面的温室效应小或无。实际上，寻求能完全满足上述要求的理想制冷剂十分困难。

一、常用制冷剂及发展趋势

(一)国际环境保护的形势要求

大气臭氧层破坏和全球变暖是当今全人类共同面临的两大主要环境问题，给人类社会的可持续发展带来了巨大的压力和挑战。为了应对臭氧层破坏和全球变暖对人类社会造成的危害，国际社会先后制订和签署了《保护臭氧层维也纳公约》《关于消耗臭氧层物质的蒙特利尔议定书》《联合国气候变化框架公约》和《京都议定书》等一系列国际公约。这些公约的实施，不但有效的保护了臭氧层，也为减缓全球气候变化做出了积极的贡献。

中国政府高度重视保护臭氧层工作，1991 年正式加入《蒙特利尔议定书》（伦敦修正案），2007 年 7 月实现了对全氯氟烃（缩写 CFCs，以氟利昂 12 为代表）消费的完全淘汰。2007 年 9 月召开的蒙特利尔议定书第 19 届缔约方大会上，国际社会又进一步达成了加速淘汰含氢氯氟烃（缩写 HCFCs，以氟利昂 22 为代表）的调整案，调整案规定：对于发展中国家，其 HCFCs 消费量与生产量分别选择 2009 年与 2010 年的平均水平作为基准线，将 2013 年的消费量与生产量冻结到此基准线上，到 2015 年削减 10%，到 2020 年削减 35%，到 2025 年削减 67.5%，到 2030 年完成全部淘汰。

从《京都议定书》及温室气体减排的角度分析，目前国际上正在普遍采用的无臭氧破坏作用的替代制冷剂氢氟烃（包括目前常用的氟利昂 134a、氟利昂 410A、氟利昂 407C、氟利昂 404A 等），也属于《京都议定书》所列明的应实施减排的 6 大类温室气体之一，因为 HFCs 具有较高的温室效应潜能（GWP）值。当今国际社会削减高 GWP 的氢氟烃的生产和消费的呼声日益高涨，寻求零消耗臭氧潜能值（ODP）且 GWP 较低的环保制冷剂已成为今后一段时期内全球制冷空调业所面临的共同责任。

此外，在低温制冷系统中，二氧化碳制冷应用研究日趋成熟，但是无论设计、安装、使用仍然有待于进一步改进和完善。随着人们环保意识的增强，以及对环境有影响的制冷剂的逐步淘汰，二氧化碳作为天然制冷剂，无论从经济、安全及安全保护的角度来说，都是一种实用的优良制冷剂，尤其对保护环境有独特的现实意义。

（二）制冷空调业制冷剂替代工作进展

1. 零 ODP 和低 GWP 制冷剂的开发

在过去的十余年间，发达国家已基本完成了以氟利昂 22 为代表的 HCFCs 的淘汰转换。在这一转换过程中，氟利昂 134a、氟利昂 410A、氟利昂 404A 等 HFCs 类制冷剂作为 HCFCs 的主要替代品，在许多发达国家获得了广泛的应用。与此同时在低 GWP 制冷剂的应用和推广方面也取得了一些重要进展，比如日本在家用空调上应用了二氟甲烷（R32）；杜邦和霍尼韦尔公司开发出的 2，3，3，3－四氟乙烯（R1234yf）已在欧洲汽车空调上得到应用。R1234yf 是第四代制冷剂，属于氢氟烯烃类（HFO）工质。

2. 氟利昂制冷工质

氟利昂制冷剂之所以破坏臭氧层，是因为制冷剂中含有 CL 元素，而且随着 CL 原子数量的增加对臭氧层破坏能力也增加，随着 H 元素含量的增加对臭氧层破坏能力降低；造成温室效应主要是因为制冷剂在缓慢氧化分解过程中，生成大量的温室气体，如 CO_2 等。根据分子结构的不同，氟利昂制冷剂大致可以分为以下 4 类：

（1）氯氟烃类：简称 CFCs，主要包括 R11、R12、R113、

R114、R115、R500、R502 等，由于其对臭氧层的破坏作用最大，被《蒙特利尔议定书》列为一类受控物质。此类物质我国已于 2007 年实现了完全淘汰。

（2）氢氯氟烃：简称 HCFCs，主要包括 R22、R123、R141b、R142b 等，臭氧层破坏系数仅仅是 R11 的百分之几，因此将 HCFCs 类物质视为 CFCs 类物质最重要的过渡性替代物质。

（3）氢氟烃类：简称 HFCs，主要包括 R134a,R125，R32，R407C，R410A、R404A 和 R152 等，臭氧层破坏系数为 0，但是气候变暖潜能值较高。

（4）氢氟烯烃类：简称 HFO,主要包括 R1234yf、R1234ze。臭氧层破坏系数为 0，气候变暖潜能值低。

根据我国 HCFCs 淘汰管理计划及相关统计数据，目前我国制冷空调业正在实施加速淘汰 HCFCs 工作，将 HFCs 作为 HCFCs 的主要替代品。就当前全球范围内而言，即便是第四代制冷剂也并非是完全理想的制冷剂替代物。

目前在加速淘汰 HCFCs 的进程中，选择高 GWP 的 HFCs 作为替代物，未来有可能会面临非常巨大的 HFCs 削减压力和二次转换的风险，所以必须提前予以关注和考虑。

（三）目前我国蒸汽压缩式制冷常用的制冷剂

按照上述使用零 ODP 和低 GWP 制冷剂的要求，结合我国制冷剂研究的替代进展，目前我国蒸汽压缩式制冷常用的制冷剂是：氨和氢氯氟烃类，现就几种在冷藏和冷冻上常用的制冷剂简述如下。

1. 氨

氨的分子式是 NH_3，符号 R717，标准沸腾温度 -33.4℃，凝固温度 -77.7℃，工作压力适中，是使用历史最长且使用量最大的制冷剂之一。尤其适用于大中型活塞式制冷压缩机。液氨是液化状态的氨气，又称无水氨，具有腐蚀性且容易挥发。消耗臭氧潜能值（ODP）和温室效应潜能值（GWP）小于 1。

氨可与水以任意比例互溶，形成的氨水溶液在低温下水不会从氨中析出，因此氨制冷系统可不设干燥器。但氨水溶液会加剧对金属的腐蚀性，而且会使蒸发温度略微升高。所以，在氨制冷系统中氨液中水含量质量分数也有限制，不能超过 0.2%。

氨在润滑油中不易溶解，为了减少润滑油进入冷凝器和蒸发器而影响传热效果，氨制冷装置中必须设置油分离器，而且在冷凝器、蒸发器及贮藏液器底部均设有放油装置，应定期放油。

纯氨对钢铁无腐蚀性，但含有水分时对铜、锌及其他合金有腐蚀，只有磷青铜除外。故氨制冷系统不允许使用铜和铜合金，必要时只能用高锡磷青铜。

氨易于燃烧和爆炸。当空气中氨容积含量达到 11% ~14% 时，即可点燃，当含量达到 15.7% ~27.4% 时遇明火可引起爆炸。为安全起见，对氨制冷系统的排气温度和压力有严格的限制，并且对汽缸采取水冷措施。此外，氨制冷系统还必须设置空气分离器，及时排除系统中的空气和其他不凝性气体。氨蒸汽无色，但有强烈刺激臭味，当空气中含量达到 0.5% ~0.8% 时，会引起人体严重受损。因此，氨机房和车间内氨蒸汽的浓度不得超过 0.02mg/L。

氨单位容积制冷量大，当节流阀前的温度为35℃，蒸发温度为－10℃时，单位容积制冷量为2 591. 63kJ/m³。－15℃时的蒸发潜热约是R22的6. 4倍，是R410A的5. 5倍。因此，在同样制冷量时，氨压缩机尺寸较小。此外液氨的价格也很便宜。

氨具有刺激性气味，且有一定的毒性和可然性，危险化学品名录（2002年版）界定，氨属于第2. 3类有毒气体。近几年，我国采用氨系统的冷库因多种原因事故频发，特别是氨泄漏和由此引起的次生事故，所以关于氨冷库的负面评价随之增多，有人甚至认为氨工质不能用了，有些氨制冷系统也改成了氟利昂制冷系统。对此，必须客观正确地评价使用历史最长且使用量最大的制冷剂氨，并对制冷系统贮氨量做严格规定，在设计、安装、操作使用、管理维护、人员培训等方面，必须严格按国家相关要求进行。

GB50072—2010规定，对使用氨作制冷剂的氨制冷系统，氨总的充注量不应超过40t；具有独立氨制冷系统的相邻冷库之间的安全距离应不小于30m。

为了安全，氨制冷机房和库间应设置氨气体浓度报警器，当空气中氨气体浓度达到100μL/L或150μL/L时，应自动发出报警信号，并自动开启制冷机房内的事故排风机。只要按规矩和要求进行规范管理和操作，氨作为工质的系统并不可怕，不应该“谈氨色变”。

从ODP和GWP这2项指标而言，氨应该说是一种于臭氧层无缘、又无温室效应的绿色制冷剂。近年来在大中型低温冷库上采用的NH_3/CO_2复叠式制冷系统，在冷冻冷藏设备上有良好的应用前景，且符合零ODP和低GWP制冷剂的要求。

2. 氟利昂22

氟利昂22可简写为R22，它的化学名称是二氟一氯甲烷，属于纯工质，标准沸腾温度为－40.8℃，凝固温度为－160℃。通常冷凝压力不超1.57MPa，不燃、不爆，比使用氨安全性高，所以R22是我国目前制冷与空调装置中仍广泛应用的制冷剂之一，但也是被列为加速淘汰范围的HCFCs制冷剂。

R22制冷系统采用矿物润滑油（一般选用3GS、4GS或国产46号），可与润滑油部分溶解，其溶解度随温度的降低而减少。所以在使用R22做工质的制冷系统中，也必须安装干燥过滤器，并要求制冷剂中的水分含量不大0.0025%。纯R22除了腐蚀镁和含镁超过2%的合金外，对其他金属无腐蚀作用。

当节流阀前的温度为35℃，蒸发温度为－10℃时，R22的单位容积制冷量为2 424.92kJ/m^3，比氨的单位容积制冷量2 591.63kJ/m^3略小。

R22对大气臭氧层有破坏，ODP值为0.055，GWP值1700。

3. 氟利昂134a

氟利昂134a，可简写成R134a。它的化学名称是1，1，1，2－四氟乙烷，属于纯工质，是今后相当一段时间内被允许选用的主要过渡性制冷剂。其标准沸腾温度为－26.1℃，凝固温度－101.0℃，沸点时的汽化潜热约为215kJ/kg，比R12沸点时的汽化潜热465.3 kJ/kg要低。

目前，R134a主要用于替代R12，对于高蒸发温度和高冷凝温度的场合，R134a是比较理想的选择，常用于汽车空调、冰箱、冷藏运输车等场合。与R12相比，水在R134a中的溶解度更小。因此，在使用R134a的制冷系统中，对系统的干燥和清洁要求更高，需要采用吸水性更好的干燥过滤器。R134a的化学稳定性良好，与传统的矿物油不相溶，应使用聚二醇类润滑油（Polyalkylene Glycol的缩写PAG）和聚酯类润滑油（Polyol Ester，缩写POE）。

R134a的ODP值为0，GWP值为1430。

4. 氟利昂410A

氟利昂410A可简写成R410A，它是由R32/R125（50/50）两种组分组成的混合物，属近共沸制冷剂，是目前为止国际公认的R22最合适的中长期替代品，并在欧美、日本等国家得到普遍应用。R410A的标准沸腾温度为-51.4℃，与R22相比，R410A的工作压力大，对于风冷而言，压力范围通常是高压2.8~3.5MPa，低压在0.6~0.8MPa，但R410A制冷量较R22显著提高。因此，压缩机结构的耐压性能设计要求更高，同时也为设计更小更紧凑的设备提供了可能。

R410A在整个运行范围内，制冷剂温度滑移小于0.2℃，在制冷空调系统中不会发生显著的分离，即不会由于泄漏而改变制冷剂的成分，在售后维修再补充工质时，无需排放掉系统中剩余的制冷剂。

R410A化学和热稳定性高，水分溶解性与R22几乎相同，与POE润滑油兼溶，不溶于矿物油和烷基苯油。

R410A的ODP值为0，GWP值为1975。

5. 氟利昂404A

氟利昂404A可简写成R404A。它是由R125/R134a/ R143

(44/52/4) 混合而成，属于三元非共沸制冷剂。在常温下为无色气体，在自身压力下为无色透明液体。R404A 的标准沸腾温度为 -46.2℃。

R404A 通常用于低温冷冻系统，可替代 R22 及 R502，最接近于 R502 的运作，通常被认为是最好的 R502 的替代物。目前已得到世界绝大多数国家的认可，并推荐为替代 HCFCs 的主流低温环保制冷剂。

R404A 与 POE 润滑油兼溶，不溶于矿物油和烷基苯油，ODP 值为 0，GWP 值为 3800。

6. 氟利昂 407C

氟利昂 407 是比较接近 R22 性能的混合制冷剂，包括 R407A、R407B 和 R407C，不同的后缀分别代表应用在制冰工况、热泵工况和空调工况，成分的配比也略有差异。

氟利昂 407C 简写为 R407C，是由 R32/R125/和 R134a (23/25/52) 三组分组成的混合物，属于非共沸制冷剂，在热工特性上与 R22 最为接近，是目前为止国际公认的 R22 最合适的中长期替代品之一。其标准沸腾温度为 -43.6℃。

R407C 能溶解于聚酯类合成润滑油，由于属于非共沸混合物，其成分浓度随温度、压力变化而变化，这对空调系统的生产、调试及维修都带来一定的困难，对系统热传导性能也会产生一定的影响。特别是当 R407C 泄漏时，系统制冷剂在一般情况下均需要全部置换。这是 R407C 的明显缺点。R407C 必须以液相充注。

R407C 的 ODP 值为 0，GWP 值为 1980。

氟利昂制冷剂根据种类、应用场合和装量有不同包装形式，常用的是一次性焊接钢瓶见图 4－1；常用氟利昂制冷剂见图 4－2。

图 4－1　灌装制冷剂常用一次性焊接钢瓶

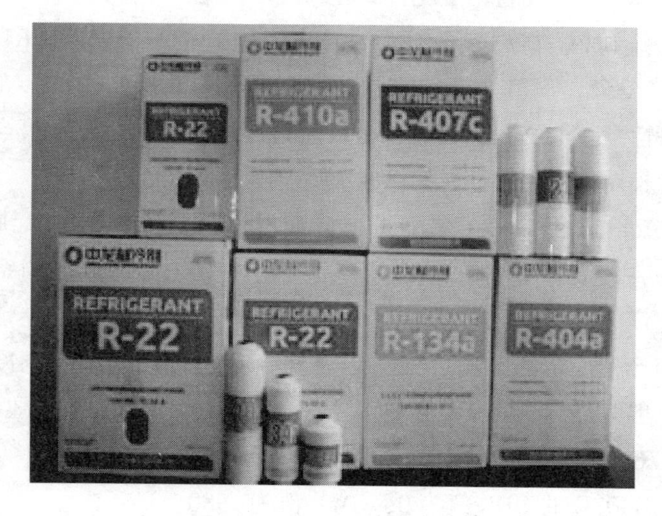

图 4－2　常用氟利昂制冷剂

二、冷冻机油

用于制冷压缩机内各运动部件润滑的油，称为冷冻机油，又称润滑油。其主要作用是减少机械摩擦和磨损，此外有降低温度、辅助密封、用作能量调节机构的动力等作用。

(一)冷冻机油分类和要求

1. 冷冻机油分类

冷冻机油大致可分为两类，一类是传统的矿物油，另一类是合成的冷冻油。由于使用场合和制冷剂的不同，制冷设备对冷冻油的选择也不一样。

2. 对冷冻油的基本要求

冷冻油的基本要求通常有凝固点、黏度、浊点、闪点等方面。

(1) 凝固点。冷冻油在实验条件下冷却到停止流动的温度称为凝固点。制冷设备所用冷冻油的凝固点应越低越好(如R22的压缩机，冷冻油应在-55℃以下)，否则会影响制冷剂的流动，增加流动阻力，从而导致传热效果差的后果。

(2) 黏度。冷冻油黏度是油料特性中的一个重要参数，使用不同制冷剂要相应选择不同的冷冻油。若冷冻油黏度过大，会使机械摩擦功率、摩擦热量和启动力矩增大。反之，若黏度过小，则会使运动件之间不能形成所需的油膜，从而无法达到应有的润滑和冷却效果。

(3) 浊点。冷冻油的浊点是指温度降低到某一数值时，冷冻油中开始析出石蜡，使润滑油变得混浊时的温度。制冷设备所用冷冻油的浊点应低于制冷剂的蒸发温度，否则会引起节流阀堵塞或影响传热性能。

（4）闪点。冷冻油的闪点是指润滑油加热到它的蒸汽与火焰接触时发生打火的最低温度。制冷设备所用冷冻油的闪点必须比排气温度高15℃以上，以免引起润滑油的燃烧和结焦。

（5）其他。如化学稳定性和抗氧性、水分和机械杂质以及绝缘性能。

(二)矿物油及合成冷冻机油

1. 矿物油

《冷冻机油》（GB/T16630—2012）表列的深度精致矿物油指环烷基矿物油或石蜡基矿物油。应用于氨和RR22作工质的制冷系统。

2. 合成冷冻机油

为保护臭氧层，国际上对制冷空调设备的制冷剂都做了限制，开发出了各种新型替代制冷剂，其冷冻油也相应发生了变化。对制冷空调替代制冷剂为R134a的，其替代冷冻油为合成的聚（亚烷基）二醇润滑油（PAG），PAG是Polyalkylene Glycol的缩写），比如汽车空调多用PAG；对替代制冷剂为R410A和R407C的，其替代冷冻油称为聚酯油（POE），POE是Polyol Ester的缩写。

POE油不仅能良好地用于HFC类制冷剂系统中，也能用于烃类制冷剂系统中；PAG油则可用于HFC类、烃类和氨作为制冷剂的制冷系统中作润滑油。从润滑特性、化学稳定性上来说，PAG 比 POE 要好些，缺点是 PAG 的吸水性比 POE 要大，但是还要看添加剂配方，至于选用哪种冷冻机油，在压缩机设计的时候通常已经确定。

3. 新国标冷冻机油分类及各品种应用

新国标根据制冷剂类型、制冷剂与润滑油互溶性和应用领域将冷冻机油划分为 5 类，分别为 DRA、DRB、DRD、DRE 和 DEG。不同制冷剂和冷冻机油应用见下表。

表　冷冻机油分类及各品种应用（摘自 GB/T16630—2012）

制冷剂	润滑剂相溶性	润滑剂类型	代号	典型应用
NH_3（R717）	不相溶	深度精致的矿油（环烷基或石蜡基）、合成烃（烷基苯，聚 α－烯烃等）	DRA	工业用和商业用制冷
NH_3（R717）	相溶	聚（亚烷基）二醇（PAG）	DRB	工业用和商业用制冷
氢氟烃类（HFCs）R134a、R407C、R410A、R404A	相溶	聚酯油（POE）、聚（亚烷基）二醇（PAG）、聚乙烯醚	DRD	车用空调、家用制冷、民用商用空调、热泵、商业制冷包括运输制冷
氢氯氟烃类（HCFCs）R22	相溶	深度精致的矿油（环烷基或石蜡基）、烷基苯、聚酯油（POE）、聚乙烯醚	DRE	车用空调、家用制冷、民用商用空调、热泵、商业制冷包括运输制冷
烃类（HC_S）	相溶	深度精致的矿油（环烷基或石蜡基）、聚（亚烷基）二醇（PAG）、合成烃（烷基苯，聚 α－烯烃等）、聚酯油（POE）、聚乙烯醚	DRG	家用制冷

注：应用于制冷压缩机

第五章 果蔬保鲜气调库

果蔬气调贮藏也叫调节气体贮藏，是指在冷藏基础上，将果蔬贮藏在不同于普通空气的混合气体中，主要是降低氧浓度，适当提高二氧化碳浓度，使贮藏环境更有利于抑制果蔬的各种代谢以及微生物的活动，从而保持果蔬的良好品质，延长其贮藏寿命。采用气调贮藏，是当今国际上广为应用的果蔬贮藏方式，并被视为继机械冷藏以后，果蔬贮藏上的又一次重大革新。气调库是果蔬气调贮藏的主要实现形式，在国外商业应用已有近 80 年的发展史，在一些发达国家，大宗长贮水果如苹果、西洋梨、猕猴桃等气调库贮藏比例约占同种类冷藏果品的 70%。

我国果蔬气调贮藏技术起步较晚，在商业上较多应用也是近二十年左右的事情，随着全球经济一体化和我国国民经济的快速发展，人们对果蔬保鲜的质量和安全要求越来越高，果蔬气调贮藏将会在我国有更快的发展。

一、果蔬气调库建筑及气密性要求

(一) 果蔬气调库的主要特点及要求

气调库是在果蔬冷库的基础上逐步发展起来的，因此与果蔬冷库有许多相似之处，但又与果蔬冷库有一定的区别，主要特点及要求体现在以下几方面。

1. 气调库单间容积不宜太大

根据气调库库容积大小，可分为大型、中型和小型气调库。大型气调库公称体积大于15 000m³，中型气调库公称体积介于4 000～15 000m³，小型气调库公称体积小于4 000m³。

总体来讲，气调库的单间贮藏容积不宜太大。在欧美国家，气调库贮藏间的单间容积通常在50～200t，如英国苹果气调库贮藏间的容积大约为100t，在欧洲约为200t，但蔬菜气调库的容积在200～500t，在北美容积更大，一般在600t左右。根据我国目前实际应用情况，多数气调库以50～200t为一个单间，使用比较灵活。确定单间贮藏量的大小，必须与经营者的销售能力、果品特性等相适应。如我国山东某果品公司建设的万吨红富士苹果气调库，其规模为单间库容600t，共16间，是目前国内单间库容最大的气调库群之一。

2. 气调库必须具有良好的气密性

气密性要求是气调库建筑结构区别于普通果蔬冷库的一个最重要标志。普通冷库对气密性没有严格要求，而气调库保持良好的气密性至关重要。这是因为要在气调库内形成要求的气体成分，并在果蔬贮藏期间较长时间地维持设定的气体指标，减免库内外气体的渗气交换，气调库就必须具有良好的气密性。

3. 气调库的安全性保障

气调库在建筑设计中还必须考虑其安全性，这是由于气调库是一种密闭式冷库，当库内温度升降或充气时，其气体压力也随之发生一定的变化，常使库内外形成气压差。据资料介绍，当库外温度高于库内温度1℃时，外界大气将对围护库板产生38Pa压力，温差越大，压力差越大。此外，在气调设备运行、加湿及气调库气密性试验过程中，都会在围护结构的两侧形成气压差。若不将压力差及时消除或控制在一定范围内，就会对围护结构产生危害。气调间正常运行期间，气调库内压力变动一般在10mm H_2O之内。为此，通常在气调库上设计有安全装置，即气压平衡袋和安全阀，以使库内压力限制在设计的安全范围内。由于气调库库板表面的承压较普通冷库高，所以用于气调库上的夹芯保温板的彩钢厚度应比普通冷库的彩钢厚度大，库板承压强度不宜低于50kg/m^2。

气压平衡袋（简称气调袋）采用质地柔软不透气又不易老化的材料制成，贮气体积为库房容积的0.5%～1.0%，能承受14mm H_2O以上的密封试验压力。每个库间库房还应安装一个气压平衡安全阀（简称平衡阀），国外推荐的安全压力数值为±190Pa。当库内外压差大于190Pa时，库内外的气体将发生交换，防止库体结构发生破坏。平衡阀分干式和水封式两种，直接与库体相通。在一般情况下平衡袋起调节作用，只有当平衡袋容量不足以调节库内压力变化时，平衡阀才起作用。水封式安全阀具有结构简单，工作可靠的特点，因此，广泛应用于气调库。

水封式安全阀的工作原理也很简单，当气调间的气体压力因某种原因（如库内外温度变化、加湿系统的工作或气调机的开启）发生变化，压差大于水封柱高时，安全阀将起作用直到压差值等于或小于水封柱高时为止。为此，安全阀的水封柱高应严格控制，不能过高或过低。过高易造成围护结构及气密层的破坏；过低虽然安全，但安全阀频繁起动，使库外空气大量进入，造成库内气体成分的波动。在气调库中一般水封柱高调节在 20mm 水柱是较为适宜的。压力波动值应小于 9. 8Pa（1mm H_2O）。

4. 气调库多为单层建筑

根据实际情况一般果蔬冷库可以建成单层或多层建筑物，但对气调库来说，几乎都是建成单层地面建筑物。这是因为果蔬在库内运输、堆码和贮藏时，地面要承受很大的荷载，如果采用多层建筑，一方面气密处理比较复杂，另一方面在气调库使用过程中容易造成气密层破坏。所以气调库一般都采用单层建筑。较大气调库的高度一般在 7m 以上。

5. 气调库的空间利用率要高

气调库的有效利用空间应该尽量大，或称容积利用系数高，有人将其描述为“高装满堆”，这是气调库建筑设计和运行管理上的一个特点。所谓“高装满堆”是指装入气调库的果蔬应具有较大的装货密度，除留出必要的通风和检查通道外，尽量减少气调库内的自由空间。因为，气调库内的自由空间越小，意味着库内的气体存量越少，这样一方面可以适当减小气调设备的型号，另一方面可以加快达到设定气体指标的速度，缩短气调时间，减少能耗，并使果蔬尽早进入气调贮藏状态。

6. 气调库应快进整出

气调贮藏要求果蔬入库速度快，尽快装满、封库并调气，让果蔬在尽可能短的时间内进入气调状态。平时管理中也不能像普通冷库那样随便进出货物，否则库内的气体成分就会经常变动，从而减弱或失去气调贮藏的作用。果蔬出库时，最好一次出完或在短期内分批出完。

7. 气调库制冷设备的特点

气调库的制冷设备大多采用单级压缩氨或氟利昂制冷系统，库内的冷却方式可以是制冷剂直接蒸发冷却，也可采用中间载冷剂的间接冷却系统，后者用于气调库比前者效果理想。因为通过调节中间载冷剂温度，更便于供给冷风机的出风温度。为了减少气调库内所贮果蔬的干耗，气调库蒸发器的传热温差要求在2～4℃范围，要达到这样小的差值，就必须采用中间载冷剂的间接冷却系统。现阶段多数选择一定浓度的乙二醇溶液作为中间载冷剂。

8. 气调库应适当加大制冷系统蒸发器面积

只有控制并达到蒸发温度和贮藏库温之间的较小差值，才能减少蒸发器的结霜，维持库内要求的较高相对湿度。所以，在气调库设计时，相同条件下，通常选用冷风机的传热面积都比普通果蔬冷库冷风机的传热面积大，即气调库冷风机设计上的所谓“大面积小温差”方案。

除上所述，一个设计良好的气调库在运行过程中，可在库内部实现小于0.5℃的温差。为此，需选用精度高的电子控温仪来控制库温。温度传感器的数量和放置位置对气调库温度的良好控制也很重要。最少的推荐探头数目为：在50t或以下的贮藏库中放3个，在100t库中放4个，在更大的库内放5个或6个，其中一个探头用来监控库内自由循环的空气温度。

其余的探头放置在不同位置的果蔬处，以测量果蔬的实际温度。传感器应定时用标准温度计加以校准。

装配式气调库外形、库顶技术走廊内管路和缓冲袋布置见图 5 - 1 和图 5 - 2。

图 5 - 1　装配式气调库外形

图 5 - 2　气调库顶做技术走廊

（安装管路和缓冲袋）

果蔬气调贮藏试验研究采用的制冷式气调箱，容积通常在1m^3左右，与制氮系统及二氧化碳脱除系统相连接，通过气调试验研究，可为不同果蔬的适宜气体指标的初步筛选提供科研依据。果蔬制冷气调一体式试验箱见图5－3。

图5－3　果蔬制冷气调一体式试验箱

（二）装配式气调库建造的关键环节

1. 气密性处理概述

根据气调库气密层施工方式，可将气密性处理分为表面整体式气密层和局部贴缝式气密层。表面整体式气密层是用连续不断的气密材料做成的气密层，覆盖整个围护结构的所有表面；局部贴缝式气密层则是在围护结构的缝隙处覆盖气密层。对砖混结构的土建库要建成或改建气调库，应采用表面整体式气密层。如使用彩钢夹心保温板建造装配式气调库时，库板表面不再需要做整体气密层，而应当采用局部贴缝式气密层。

装配式气调库，其墙体、库顶均采用预制保温板建造。预制保温板是一种集气密、保温和防潮功能为一体的复合保温建筑板材，它的两个面层常采用彩镀钢板、合金铝板或镀锌钢板，两层面板之间夹有保温材料，保温材料一般为聚氨酯泡沫塑料或聚苯乙烯泡沫塑料。为增强保温板长度方向的抗弯强度和刚性，通常将板面做成波纹形。保温板一般由专业工厂生产，建库时只需按设计要求选择好规格尺寸，将其运送到现场装配即可。

装配式气调库的气密施工，主要是指地坪、库板间接缝以及拐角处的气密处理。处理方法一般是用毛刷蘸气密胶，均匀涂在库板缝周围的彩钢板及压线铁上，外敷无纺布，然后再刷一遍气密胶，再外敷无纺布，再刷一遍气密胶（三胶两布做法），等24～48h后（视外界温度和湿度大小），待气密胶及无纺布干透，即可打压试验。

2. 地坪气密处理

装配式气调库的地坪，由于承受的荷载较大，不能采用彩镀夹心库板，应采用土建结构，隔热防潮层做法与土建库相同。对于地坪气密层，一般在隔热层上下分别设气密层。有资料介绍推荐一种内设增强材料的改性橡胶沥青复合材料，具备气密、防潮双重功能。

目前我国在一些小微型气调库上也有采用 PVC 塑料薄膜做地坪气密层的，具有造价低廉的优点，但是可靠性较低。具体做法是：连续铺设厚度大于 0.12mm 的 PVC 塑料薄膜。该层薄膜应完好无损，铺设平整，不允许出现褶皱和隆起，搭接宽度不得少于 100mm，并保证搭接处的密封质量，隔热层上方的气密层在地板的墙角处沿墙板向上延伸一定高度，与墙体的气密层搭接好。铺设时不得碰破薄膜。

地坪墙角处的气密处理更应细致，可待地坪做好后，用沥青膏之类的软质密封材料灌缝。由于地坪不可避免地产生沉降，地坪与墙板的交接处需要用有弹性的气密材料进行密封并精心处理。否则一旦出现问题，弥补将极为困难。

3. 库板、顶板气密处理

用于装配式气调库的夹芯保温板，尽可能选用单块面积大的保温板，尤其是顶板，以减少接缝。同时还要尽可能减少在夹芯板上穿孔、吊装、固定，如确实不可避免时，应在接缝上或集中处理，以减少漏气的几率。装配式气调库围护结构夹芯板一般采用“插入式”、“嵌套式”等连接方式。既要保证库板接缝处的隔热性能和气密性能，还应保证其强度。当气调库内外产生压差时，夹芯保温板要承受较大的压力，而接缝处是受力的薄弱环节，接缝处的气密层、隔热层最容易受到破坏，导致气调库漏气。因此夹芯板接缝处理是装配式气调库保证气密性能和安全的另一关键。

4. 穿板管线气密处理

所有穿过夹芯板的管、各种吊杆、电线、控制测点等，不但要保证其隔热性能，还要保证其气密性能。穿过库体的制冷、气调、给排水管道、电缆等管道孔洞应做特殊气密处理。管道穿过库体围护结构时，一般是预先埋好穿墙体的塑料套管，套管与墙洞间用聚氨酯发泡充填，管道穿过塑料套管后用硅树脂填充间隙，以保证密封。为此，所有穿过夹芯板的管线均应是弹性结构，以避免气调库在运行过程中管道、吊杆等震动或夹芯板的变形，对库体以及气密层造成损害。

5. 气调门、观察窗气密处理

除了库体的围护结构应具有良好的气密性外，库门亦应有良好的气密性和压紧装置。普通冷库门已不能满足气调库需要，必须选用专为气调库而设计的气调门和观察窗。要求密封良好，操作方便。气调门一般采用单扇平移门。

气调库门也是气调库容易产生泄漏之处。为保证库门和库体之间的密封，可以将库门的高弹力耐老化气密条做成充气式，这种方式密封性好，但使用较麻烦。通常所见的气调库门是在精细制作的冷库门的基础上加一扣紧装置，封门时用此装置紧紧地将门扣在门框上，借密封条将门缝封死，在门下落扣紧的过程中，门下面的密封条与地面压紧而密封。

气调库封门后，一般不允许随便开启气调门，以免引起库内外气体交换，造成库内气体的波动，或出现意外。为了使管理人员可以清楚地观察到库内果蔬贮藏期间变化情况、冷风机结霜和融霜情况及加湿器运行情况，通常在每个气调间设置一个观察窗。观察窗可以直接设置在气调门上或冷风机附近，形状通常为方形或长方形。观察窗设在气调门的中下部，窗和门之间由手动扣紧件连接，压弹性材料密封。观察窗至少应为600mm×750mm（宽×高）的双层真空透明玻璃窗，紧急情况时可使背后绑扎呼吸装置的人通过。

气调库平移门及门上设置的观察窗见图5-4和图5-5。气调门上的压紧装置见图5-6。一些气调库在蒸发器旁设置观察窗，以便于观察蒸发器的结霜情况。

图5-4　气调库门及观察窗（1）

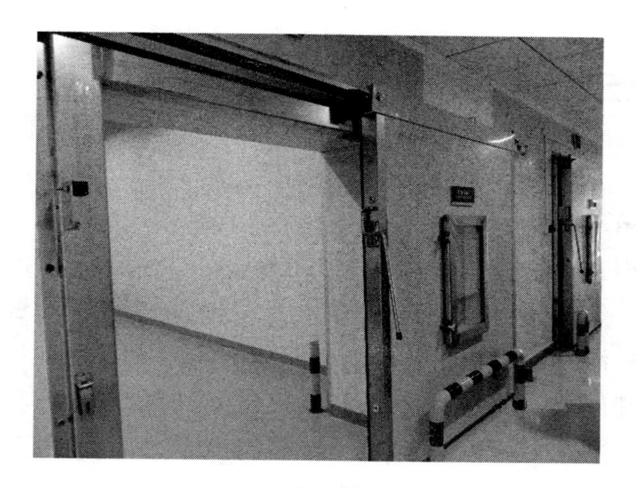

图 5－5　气调库门及观察窗（2）

图 5－6　气调库门上的压紧装置

(三)气调库气密性要求

1. 气密性试验

虽然气调库要求较高的气密性，但从常规的建筑技术和材料而言，不可能做到绝对气密。从建造费用和实际使用角度看，气调库也没有必要要求绝对气密。因为库内贮藏的果蔬仍是活的生命有机体，进行着呼吸代谢，如果内外气体不进行任何交换，氧气浓度会逐渐降低，二氧化碳浓度会逐渐升高，这样更容易破坏已建立的气调指标。所以，当库内果蔬呼吸耗氧量大于或等于外界氧气渗入量时，一般认为气调库满足气密要求。

气调库竣工后，验收气调库的一个重要方面是气密性试验。目前广泛应用的是压力测试法。该方法有测试方法简便，测试仪器简单，结果直观等优点。压力测试法又分正压法和负压法，实际试验时通常采用正压法，以避免采用负压法测试导致气密层脱落。测试使用的仪器主要是空压泵、U 形微压计和标准温度计等 。

测试前，在气调库内靠近观测窗挂一支标准温度计，将气调库密封好，气调间不得开启制冷、气调和加湿设备，也不能开启照明灯具等，防止引起库内气流波动和温度变化，影响测试结果。另一支温度计放在库外。将 U 形微压计连接在安全阀上的取样口，并给安全阀及所有水封装置注入清水，水封柱高稍大于测试压力。微型压力计测试压力范围是 0 ~ 250Pa（0 ~ 25 mmH_2O），计量单位大的压力计容易因为反应迟缓而使库内压力超过限度值，也无法获得准确的结果。将空压机出气管口连接在相关的进气口上，开启空压机向库内充气，直至库内压力稍高于试验压力时，关闭空压机和充气管上的阀门，同时开始计时，并从 U 形微压计上观测库内压力的变化。要求每隔半分钟记录一次，直至库内外压力平衡，每个气调间至少重复测试 3 次，以比较测试结果是否一致。测试时需要注意经空压机充入库内的空气温度起初往往高于库温，在库内冷却时会导致库内压力迅速降低，所以空压机充气时应充至高出试验压力 19.6 ~ 29.4Pa（2 ~ 3 mmH_2O），等到试验库内压力降至试验压力时，再开始计时。

2. 国内外气调库的气密标准

（1）总体要求。满足所贮果蔬气调贮藏条件的前提下，综合考虑和设计气密标准。即从性价比综合考虑，气密性并非越高越好。在实际操作中，只要果蔬的耗氧量大于或等于围护结构的渗入氧量，即可认为气密程度符合要求。

（2）国内外气调库气密性标准参照。由于世界各国经济和科技水平存在差距，目前在气调库设计、施工质量、使用方式等方面有所不同，所以目前国际上还没有气调库气密性的统一标准。

测试气调库常用的气密性指标是采用“半降压时间”。所谓半降压时间，是指从测试计时起，试验压力下降到计时起始压力的一半时所需要的时间。几个国家果蔬气调库采用的“半降压时间”参见表 5 - 1。

表 5 -1　几个国家气调库常用半降压时间

国家名称	起始压力（pa）	半降压时间（min）或要求
意大利	300	≥30min
	250	30min 后，压力为≥110pa（对于超低氧库）
美国	250	≥20min（O_2为 3% 以上的气调库）
	250	≥30min（O_2小于 1.5% 的气调库）
英国	200	降至 130Pa 的时间应≥7min（O_2为 2.5% 以上的气调库）
	200	降至 130Pa 的时间应≥10min（O_2小于 2% 的气调库）
法国	100	30min 后，压力≥35Pa（气密好）；压力 10 ~ 35Pa（气密合格）；压力≤10Pa（不合格）
中国	196（20mmH_2O）	20min≥78pa 为合格（SBJ16 -2009）

由表 5 -1 可见，几个发达国家现有的气密标准中，要求最高的是：试验压力为 300Pa（约 30mm H_2O），半压降时间≥30min 为合格，否则为不合格，此标准只有意大利等少数国家的部分厂商采用。美国的要求是：试验压力为 250Pa（约 25mm H_2O），半压降时间≥20min 或≥30min 为合格，有人称之为 30min 标准库（O_2小于 1.5% 的气调库）或 20min 标准库（O_2为 3% 以上的气调库）。我国《气调冷藏库设计规范》（SBJ16 -2009）的要求是：试验压力为 196Pa（20mm H_2O），20min 降至≥78Pa（8mm H_2O）为合格。

二、气调系统及气调设备

（一）气调系统概述

气调库气调系统，是指为了达到和保持气调库内气体指标所必需的气调设备以及连接这些设备的管路和阀门所组成的“开式系统”或“闭式循环系统”，同时包括由取样管、阀门、分析仪器等组成的气体分析系统。如果配置由电脑控制的气体成分自动分析仪，就可以实现气调系统的自动控制和调节。

通常将气调系统分为机房气调系统和库房气调系统两大部分。机房气调系统通常包括气调设备、检测设备、控制系统、供气和回气总管以及取样总管等。气体成分分析控制系统常由机房中的控制室负责检测与控制，气样的采集有的是在取样总管上进行，也有的要去各气调间分别去取样。

库房气调系统主要是指给各个气调间供气和回气的管路以及控制阀门等。根据气调库的大小，配置适宜的供、回气管路。通常在设计和安装管路时应注意以下几点。

（1）管路选材。供、回气管道一般采用硬质耐高压聚氯乙烯塑料管材，取样管可采用直径 8～10mm 的导压管（铜管、聚氯乙烯管均可）。

（2）管路连接。管道连接时，直线段采用加热法套接，套接深度应在 80mm 以上，其余可采用涂抹粘接剂后承插或焊接。

（3）管路试漏。系统管道安装完毕后，必须严格检漏，无泄露为合格。

气调库管路系统和控制阀见图 5－7 和图 5－8，控制阀一般采用气动阀。

目前，膜制氮机向气调间充氮一般采取开式置换方式（稀释方式），即使用“开式系统”，是将 95%～97% 纯度的

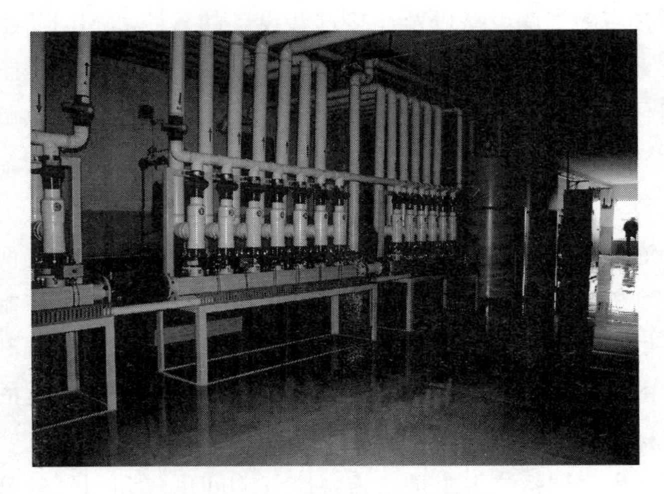

图 5－7　气调库管路系统和控制阀（1）

图 5－8　气调库管路系统和控制阀（2）

氮气从气调间的上部进气口打入，被置换的气体从与进气口成对角线布置的排气口排出到大气中。整个过程是一个不断稀释的动态过程，库内的氧含量呈自然对数级下降，直至降至规定的指标。

碳分子筛降氧机和二氧化碳的脱除则采用“闭式循环系统”，即采用泵将气调间的空气吸回吸收塔或吸收罐，进一步降氧或脱除二氧化碳后的气体再返回气调库。

（二）常用气调设备及其工作原理与流程

气调设备是气调装置的全称，一般包括制氮降氧装置、二氧化碳脱除装置以及乙烯脱除装置等，见图 5－9。

图 5－9　气调设备（降氧、二氧化碳脱除及乙烯脱除装置）

制氮设备利用率最高，所以显得更为重要。目前果蔬气调库用制氮降氧设备主要有两种类型，即吸附分离式制氮类型和膜分离制氮类型，生产当中这两种类型使用都很普遍。

1. 吸附分离式制氮设备

采用吸附分离式制氮设备产生氮气的方法叫变压吸附制氮法（简称 PSA），这是一种新的气体分离技术，其原理是利用分子筛对不同气体分子"吸附"性能的差异而将气体混合物分离。因其具有产品纯度高，节能经济，设备简单，操作灵活，可实现自动化、连续化生产等一系列优点，至问世以来发展迅速。目前变压吸附用于气体分离已是十分成熟的工艺技术。

变压吸附制氮，是指净化处理的压缩空气通过特定的吸附材料（通常为碳分子筛）时，假设系统的温度不变，随着压力的升高，吸附材料对优先吸附气体（氧气）的吸附量增加，实现吸附过程，反之随着压力的降低，被吸附的主要气体（氧气）吸附量会减少，实现解吸过程。当吸附过程进行时，氧气被吸附，氮气通过，达到了制氮的目的，在解吸过程中分子筛上吸附的氧气被脱除，使得下一吸附过程能再次进行。

由于目前我国在吸附分离制氮中使用的吸附剂基本都是碳分子筛，所以通常把这种制氮机叫做碳分子筛制氮机。以下对碳分子筛制氮机的工作原理、制氮工艺、主要性能指标、影响制氮机性能的关键因素、组成与配套等，分别加以介绍说明如下。

（1）碳分子筛制氮机的工作原理。碳分子筛制氮机是以碳分子筛作吸附剂，以空气作原料，利用变压吸附原理进行氧氮分离，以制取较高纯度氮气的气体分离装置。

碳分子筛是以煤为主要原料，经精选、粉碎、成型、干燥、活化、热处理等工序，加工而成的表面充满微孔的高效非极性吸附剂。它对不同分子量的气体吸附能力不同，也就是说对氧气和氮气的吸附情况不同。

气体分子的大小可以通过气体分子的动力学直径来表示，分子的动力学直径越小，在聚合物中扩散越容易，扩散系数越大。碳分子筛对氮气和氧气吸附能力的差异，并不是说氮不被吸附，而是氧更容易在扩散过程中被吸附。这是因为氧的动力学直径比氮小（氧 0.346nm，而氮为 0.364nm），所以 2 种气体在通过碳分子筛微孔时，氧分子的扩散速度要比氮分子大数百倍，这样氧分子优先占据碳分子筛中心而被大量吸附，几分钟后，吸附量就占到碳分子筛吸附总量的 90% 以上，而此时氮的吸附量仅为 5% 左右。利用氧氮短时间内吸附量差异悬殊的特性，由程序控制器按特定时间程序在两个相同的吸收塔之间进行快速切换，结合加压氧吸附，减压氧解吸的变压吸附过程，将氧从空气中分离出来。富氧的废气由废气排出口排放，氮气因为很少被吸附，则以产品气的形式连续输出。碳分子筛及碳分子筛制氮机的外形见图 5－10 和图 5－11，某小微型气调库采用的碳分子筛制氮机气调机房见图 5－12。

（2）碳分子筛制氮机的制氮工艺。图 5－13 表示的是碳分子筛变压吸附（PSA）制氮工艺流程图。

由图可见整个工艺可分为 3 部分，即空气压缩和净化部分、变压吸附分离制氮部分和氮气缓冲部分。

①空气压缩和净化部分的工艺是：常压空气先经空压机

图 5－10　碳分子筛

图 5－11　碳分子筛制氮机外形

图 5－12　采用碳分子筛制氮机的小微型气调库机房

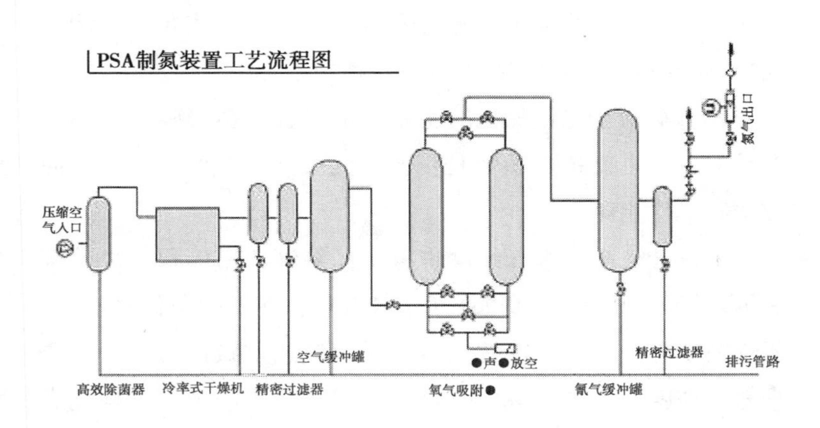

图 5－13　碳分子筛制氮机制氮工艺流程图

增压至 0.6～0.8MPa，然后经严格的除油、除水、除尘净化处理后，输出干燥清洁的压缩空气。②变压吸附分离制氮部分，是由两个完全相同的装有碳分子筛的吸附塔组成。净化后的压缩空气经减压后从入口端进入其中一个吸附塔（A塔），经过分子筛时，空气中的氧气绝大部分被吸附，很少被吸附的氮则由出口端输出，此过程需60～120s。然后程序控制器控制管道上的电磁阀（或气动阀）切换，将压缩空气与另一吸附塔（B塔）的入口端连通而与A塔截断，同时将已吸附氧而饱和的A塔排空阀打开，此时已吸附的氧和其他气体从碳分子筛微孔中脱出，排至大气中，即A塔发生氧的解吸。这样A、B两塔交替工作，当A塔吸附氧时，B塔解吸，B塔吸附氧时，A塔解吸，从而实现氮气的连续生产。③氮气缓冲部分的作用是：由于A、B两塔输出氮气的压力、流量、纯度等会有一定的差异和波动，产生的氮气温度也较高，故先送入氮气缓冲罐进行缓冲和降温，然后经流量计、测氧仪检测合格后通入气调间或气调帐使用。

（3）碳分子筛制氮机的主要性能指标。衡量碳分子筛制氮机的4个主要技术参数是：氮气纯度、产氮能力、氮气回收率和单位能耗。

①氮气纯度。氮气纯度也称产品纯度，用体积百分数来表示。氮气纯度可以通过产气量来调整，在其他条件确定时，氮气纯度与产气量成反比。对于果蔬气调贮藏而言，一般要求氮气纯度在95%～98%之间，所以碳分子筛制氮机均能满足其对气体纯度的要求。②产氮能力。产氮能力是指单位时间内制氮机产生氮气的体积，单位是m^3/h。产氮能力的大小由所选用的碳分子筛的质量与数量、要求的氮气纯度、切换周期和制氮工艺共同决定。在碳分子筛吸附剂品种确定的情

况下，吸附剂数量越多，产氮能力越大。试验表明，在0.6MPa的压力下，碳分子筛制氮机的变压吸附时间在60～90s最佳，即两个吸收塔切换工作时间为60～90s时，产氮能力和综合性能最好。③氮气回收率。氮气回收率高低是衡量制氮机性能优劣的重要指标。它可用下式表示：

$$氮气回收率=\frac{VC}{79\% V_0}$$

式中：V——产品氮气体积（m^3）；

C——产品氮气纯度（%）；

V_0——原料空气进气量（m^3）；

79%——原料空气中含氮量。

由上式可以看出，氮气回收率与产氮量、产氮纯度成正比，与原料压缩空气进气量（耗气量）成反比。也就是说，在设备产气纯度和产气量确定的条件下，回收率越低，耗气量越大，能耗越高。

④单位能耗。单位能耗也称制氮成本，表示生产单位标准立方氮气的耗能量，单位为$kW\cdot h/m^3$。单位能耗随氮气纯度、设备价格、运行费用的增加而增加。如国产某型号的$60m^3/h$制氮机，生产99.5%的氮气时，单位能耗为$0.77\ kW\cdot h/m^3$，而生产99%的氮气时，单位能耗为$0.73kW\cdot h/m^3$。

（4）影响碳分子筛制氮机性能的关键因素。影响碳分子筛制氮机性能的关键因素包括：碳分子筛性能、程控切换阀和程序控制仪以及合理的系统设计及硬件选择等。

①碳分子筛（CMS）。生产厂家提供的碳分子筛性能指标通常有：比表面积、硬度、最大产氮率、最大回收率、装填密度等。性能优良的碳分子筛应是比表面积大、具有较强的硬度、

最大产氮率（目前国内不少厂家采用德国 CARBOTECH 公司的 BF 碳分子筛 F1.3，氮气纯度 99.5% 时，标称产氮量 $220Nm^3$ N_2/T · h；日本武田 3KT－172 碳分子筛，氮气纯度 99.5% 时，标称产氮量 $190Nm^3N_2$/T · h）和最大回收率高、装填紧密。此外，当压缩空气高速进入吸附塔时，吸附塔内应有特制的气体分布器和压紧装置，防止吸附塔上部出现空缺或碳分子筛粉化。②程控切换阀和程序控制仪。由变压吸附制氮工艺特点决定，整个制氮过程由程序控制仪引导一组切换阀自动进行。由于阀门（电磁阀或气动阀）长期频繁动作，所以切换阀的可靠性和使用寿命就成为影响制氮机工作的关键因素之一。程序控制仪作为切换阀的指挥者，其可靠性与阀门同样重要。③合理的系统设计及硬件选择。整个系统应尽可能在硬件选择、工艺流程的合理配置、恰当的吸附周期设定等综合技术和性能上优化。

（5）碳分子筛制氮机的选型。拟采用碳分子筛制氮设备，用户可按实际所需氮气纯度（果蔬气调贮藏所需氮气纯度通常为 95% ~98%）和氮气流量（以气调库需求而定），在厂家提供的样本中查取所需制氮机型号和具体技术参数。根据粗略统计，目前国内已有约 30 家的变压吸附制氮设备生产厂家。总体来讲，制氮机质量的高低，与所选用的硬件质量密切相关，如进口的分子筛产氮率一般高于国产分子筛，但价格昂贵；国产气动阀、电磁阀等阀门的质量一般不及进口的阀门，但价格低廉。所以经济状况也是影响设备选型的一个方面。

根据目前国内碳分子筛制氮机的生产和使用情况，氮气产量最小一般为 5m³/h，最大 205m³/h 以上，氮气纯度 95%～98%。以北京某公司生产的碳分子筛制氮机为例，其主要性能参数见表 5－2。

表 5－2　碳分子筛制氮机主要性能参数

型号	氮气纯度（%）	产氮量（m³/h）	空压机	
			排量（m³/h）	功率（kW）
TD－Q5/95	95～98	5	0.42	3
TD－Q10/95	95～98	10	0.6	5.5
TDQ20/95	95～98	20	1.2	11
TDQ50/95	95～98	50	3.0	30
TDQ75/95	95～98	75	3.4	30

（6）碳分子筛制氮机的组成与配套。碳分子筛制氮机由气源、压缩空气净化、变压吸附分离制氮和氮气缓冲等 4 部分组成。

①气源部分。包括空压机、冷却器（或冷冻式干燥机）和缓冲罐等。目前一些厂家的气源采用活塞式空压机，这种空压机因气体压缩后温度会显著升高，不利于分子筛吸附，所以需设置冷却器，以使气体温度降到常温，并除去气体中夹带的饱和水分。

此外，因活塞式空压机输出气体压力波动较大，还需要安装缓冲罐以稳定气源压力。因此，推荐气源部分最好采用螺杆式空压机。

②压缩空气净化部分。这部分通常由干燥装置、除尘过滤装置和除油装置等组成。由压缩机产生的压缩空气在进入

吸收塔前，净化的好坏直接影响到制氮机的性能和使用寿命。若净化不好，黏性油污及尘粒就会很快附着在吸附剂表面或进入吸附剂微孔中，导致吸附性减弱或失去对氧、氮的分离能力。

净化主要包含除水、除尘及除油 3 个方面。冷冻式空气干燥机是常见的除水分设备，它是根据冷冻除湿原理，压缩空气在冷冻式空气干燥机内与制冷换热管发生热交换，空气中的水分及油雾冷凝析出，由排放口定期排除。

三级过滤净化设备是：通用过滤器、活性炭过滤器和高效除油过滤器。通用过滤器主要是滤除 1μm 固体或残油颗粒；活性炭过滤器主要是过滤残留的微量油蒸汽；高效除油过滤器装有 0.01μm 的过滤芯，清除气源中剩余的全部悬浮颗粒物质（油雾、锈蚀、碳粉尘等）。经过净化后的空气其参考指标是：大气露点≤－17℃，含油量≤0.005mg/m^3，压力损耗≤0.08MPa。

③变压吸附分离制氮部分。这部分由碳分子筛吸附塔及其内部装填的碳分子筛、程控切换阀和程序控制仪等组成。对于采用真空解吸的制氮机，还应安装真空泵。由净化部分提供的洁净空气进入这一部分，进行氮、氧分离，这部分是整个制氮机的核心部分。

④氮气缓冲部分。这部分由缓冲罐、流量计和气体分析仪等组成。由变压吸附分离制氮部分送出的氮气，经缓冲罐缓冲并通过流量计和检测仪器后，送入气调间或气调帐中。

2. 膜分离富氮设备

膜法气体分离是当今世界竞相发展的高新技术，美国等发达国家在膜分离技术方面技术领先，如柏美亚（PERMEA）公司设计制造 PRISM 气体膜分离组件，在全球广为应用。

采用膜分离富氮设备产生氮气的方法叫膜分离富氮法，它是利用混合物中各组分在分离膜中渗透速率不同，或膜对各组分选择透性不同进行混和物分离的方法，可用于气体混合物与流体混合物的分离。

首先，混合气体中渗透组分在膜的高压侧溶解在膜表面上；然后溶解在膜表面的组分在压力差推动下从膜的高压侧通过分子扩散传递到膜的低压侧；最后，扩散组分在膜低压侧表面解吸进入气相。由于不同气体的溶解系数及扩散系数通常不同，所以渗透系数也不同（渗透系数 = 溶解系数 × 扩散系数）。渗透系数大的气体（如氧气）渗透过膜快，称为“快气”，渗透系数小的气体（如氮气）渗透过膜慢，称为“慢气”。“快气”组分透过膜后在低压侧富集，而“慢气”组分则沿着中空纤维在压力驱动下流至中空纤维的另一出口。图 5－14 和图 5－15 表示几种气体透过聚砜中空纤维膜的渗透快慢。

（1）中空纤维制氮机工作原理及流程。中空纤维膜制氮机是基于膜法富氮原理，以中空纤维膜作分离组件进行氧、氮分离的制氮装置。用于制造中空纤维膜的材料有聚砜、乙基纤维素、三醋酸纤维素、磺化聚砜以及聚硅氧烷－聚砜复合膜等。图 5－16 为中空纤维膜制氮流程图。

提供的压缩空气（供气压力一般为 1.0 ~ 1.2MPa，氮气产量与供气压力有关；空压机最好选用螺杆空压机），经高效过滤器严格除油、除水、除尘并预热后，进入中空纤维膜组件。采用三级过滤系统后，进入膜组件的压缩空气含油量低

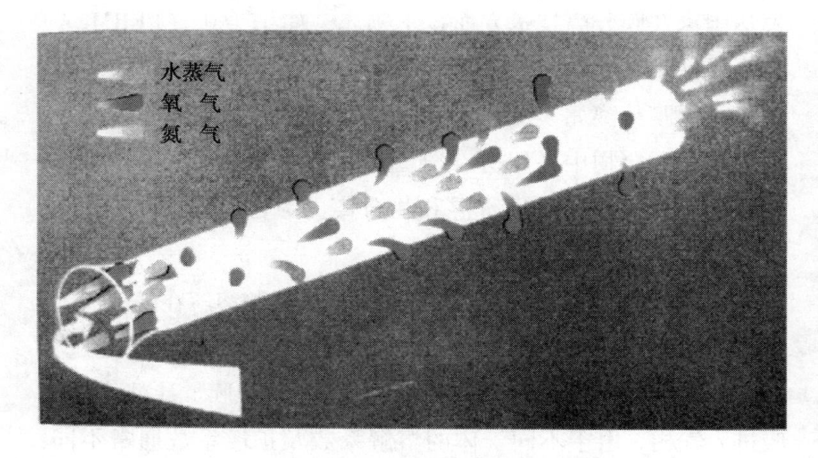

图 5－14 中空纤维膜分离氮氧示意图

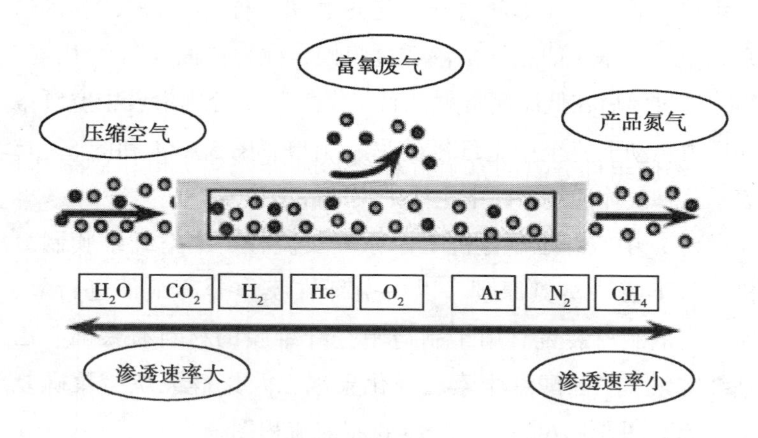

图 5－15 几种气体透过聚砜中空纤维膜的渗透率示意图

于0.01mg/kg，灰尘颗粒小于0.01μm。建议滤芯更换时间为：通用保护过滤器3 000～4 000h，活性炭过滤器5 000～6 000h，高效除油过滤器3 000～4 000h。

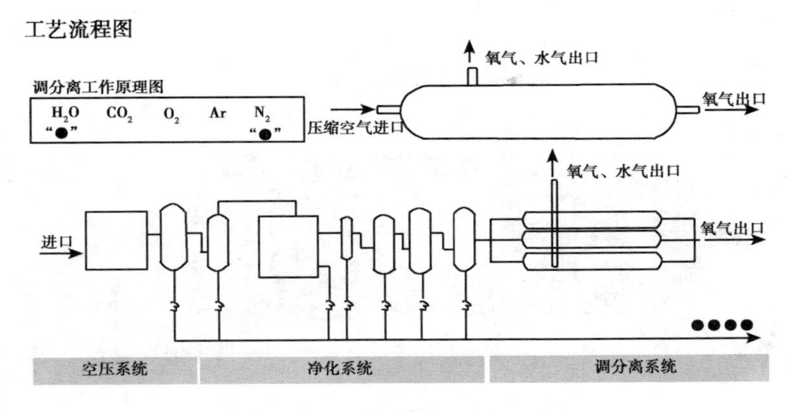

图 5－16　中空纤维膜制氮流程图

预热的作用是保证气体温度处于膜的良好渗透系数和分离系数所需温度范围，进入膜组件的气体要求为 15～45℃，温度低于下限，膜分离效果差，高于上限，中空纤维可能受高温影响而受到损伤。

经膜组件分离的富氮气体经冷却器降温、恒压阀恒压后通入库房。中空纤维制氮机和气调库间通常采用开式置换降氧连接法（有人也称稀释降氧法）。

（2）中空纤维膜组件。中空纤维膜组件是中空纤维制氮机的核心部件，由耐压的钢制外壳和分离芯组成，分离芯由数万至数十万根中空纤维管组成中空纤维束。

净化后的压缩空气从一端进入分离芯的中空纤维管内，氧气（快气）从中空纤维管内渗透到中空纤维管外而在管间隙富集，因两端头的管间隙被环氧树脂封死，富氧空气只能从钢制外壳的出口排出；氮气（慢气）则穿过中空纤维管从另一端的富氮口输出。钢外壳直径根据装纤维数而定，一般为 10～25 cm，见示意图 5－17。

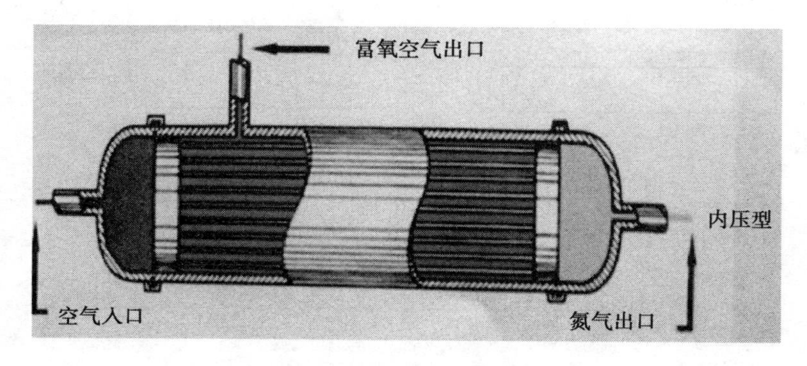

图 5－17　中空纤维膜组件示意图

根据制氮量的要求，需要提高产氮能力时，可由数根膜组件并联使用，图 5－18 为数根膜组件并联使用模式。

分离芯中每根纤维管被制成表面致密活性层和多孔支撑层的非对称结构，起分离作用的致密层仅 400～500Å。为使中空纤维膜承受适当压差，致密层被附着在多孔状非对称孔结构的支撑层上（厚约几十至几百微米），这样既可降低膜分离阻力，又可增加膜强度，提供较高的分离系数和渗透通量。

中空纤维管外径通常在 450～550μm，内径 200～300μm。每根膜组件中，中空纤维管数量多达数万至数十万根，组成中空纤维束。纤维束的两端浸涂环氧树脂等可塑性树脂，纤维管头和管间的空隙被封死，待树脂硬化后，将两端切掉一截便可露出管内径。

（3）影响膜制氮机产氮能力的主要因素。影响膜制氮机产氮能力主要由膜组件性能决定。气体透过膜的流量与膜两侧压力差、膜面积、渗透系数等之间存在下述关系。

图 5－18　数根膜组件并联使用模式

$$V = \frac{Q(P_1 - P_2)}{\delta} \times A \times T$$

式中：V——产氮能力（cm^3）；

Q——渗透系数 cm^3（STR）. cm/（cm^2 · s · cmHg）；

$P_1 - P_2$——膜两侧压力差（cmHg）；

δ——膜厚度（cm）；

A——膜面积（cm^2）；

T——渗透时间（s）。

由上式可知，膜组件产气能力与膜面积成正比；膜两侧压力差越大，分离推动力越大。但考虑到能耗、膜强度和设备制造费用等，压缩空气压力通常限制在1MPa之内。

（4）中空纤维膜制氮机的特点。中空纤维膜制氮机的主要特点有：①设备紧凑，占地少，易安装；②操作方便，只需开动空压机，就可得到富氮空气；③氮气浓度可在95%～99%之间调节，能快速启动或停机；④分离器无运动部件，相对安全可靠。因此，近年来中空纤维膜制氮机得到了很快的发展和普及。其缺点是，对气源质量要求严格，必须严格按要求设置过滤装置，并按规定更换滤芯。

（5）中空纤维膜制氮机选型。天津某公司生产的CA系列中空纤维膜制氮机的主要型号和氮气产量见表5－3。

表5－3　几种不同型号的中空纤维膜制氮机的氮气产量

型号	氮气产量（m^3/h）				
	95%	96%	97%	98%	99%
CA15	15	13	11	9	6
CA30	30	26	22	17	12
CA45	45	39	33	26	18
CA60	60	52	44	34	24
CA75	75	65	55	43	30
CA90	90	78	60	52	36

经验表明，在1 000m^3的气调库间，如使用CA45型膜制氮机，在97%的纯度时产气量为33 m^3/h，当库房装入一定量果蔬后（剩余空间容积是650～760m^3），用50h左右即可将库间的氧降至5%，如选用CA30型膜制氮机，将同样库房中的氧降至5%，则需72h左右。

（6）两种制氮方法的优缺点比较。碳分子筛制氮机和中空纤维膜制氮机在市场上应用都很普遍，为便于用户选择，将其主要优缺点进行对比，见下表5－4。

表5－4　两种制氮方法的优缺点比较

碳分子筛制氮机	中空纤维膜制氮机
价格较低	价格稍高
工艺流程相对复杂	工艺流程相对简单
运转稳定性好	运转稳定性很好
单位产气能耗较低	单位产气能耗稍高
占地面积较大	占地面积较小
噪声较大	噪声较小
可兼有脱除乙烯的作用	没有脱除乙烯的作用
更换分子筛较便宜	更换膜组件较贵
对气体净化标准相对较低	对气体净化标准相对较高

（7）氮气纯度和流量对气调库快速降氧的影响。同一台膜制氮机，设定不同流量、不同纯度的氮气，对气调间的降氧时间有显著差异。因此如何进行流量和纯度组合，在实际使用中显得非常重要。研究观察表明，对同一台制氮机，当降氧点为5%时，调整97%的氮气纯度时降氧速度最快。因此，选择配套制氮设备时，应以纯度97%条件下的产气量为依据。

3. 二氧化碳脱除设备

根据不同果蔬贮藏的要求，库内二氧化碳应分别控制在一定的范围之内，否则将会影响贮藏效果或使果蔬遭受高二氧化碳伤害。库内二氧化碳的调控，首先是通过果蔬的呼吸作用，将库内二氧化碳浓度由 0.03% 提高至所贮藏果蔬要求的上限浓度。如果二氧化碳浓度超过该上限，则通过二氧化碳脱除机将多余的二氧化碳脱除。如此循环反复，使二氧化碳浓度维持在所需的范围之内。果蔬的二氧化碳释放量计算值一般取 3 ~ 10g/t · h，由此计算一座千吨气调库 24h 的二氧化碳累积量为 72 ~ 240kg。可根据上述数据结合经验方法，推算应该选用机型的二氧化碳脱除量。

（1）二氧化碳脱除设备的工作流程。二氧化碳脱除装置分间断式（通常称单罐机）和连续式（通常称双罐机）两种。以连续式为例，对二氧化碳脱除装置的工作流程作简单介绍。二氧化碳脱除机工作时的吸附和脱附是交替进行的。库内二氧化碳浓度较高的气体被抽到吸附装置中，经活性炭吸附后，再将吸附后的低二氧化碳浓度气体送回库房，达到脱除二氧化碳的目的。活性炭吸附二氧化碳的量是温度的函数，并与二氧化碳的浓度成正比。通常以 0℃、3% 的二氧化碳浓度为标准，用其在 24h 内的吸附量作为技术指标。当二氧化碳脱除装置工作一段时间后，活性炭因吸附二氧化碳达到饱和状态，不再能吸附二氧化碳，这时另外一个吸收罐启动吸附，已经饱和的吸附罐脱吸附，如此吸附、脱附交替进行，即可达到连续脱除库内多余二氧化碳的目的。

二氧化碳脱除机再生后的空气中含有大量的二氧化碳，必须排至室外。进出气调库的进气和回气管道必须向库体方向稍微倾斜，以免冷凝水流到脱除机内，造成活性炭失效。机房内应避免汽油、液化气等挥发性物质，保持温度在 1 ~

40℃范围。

（2）二氧化碳脱除机的选型。二氧化碳脱除机的选型必须满足整个气调库脱除二氧化碳的需求。在温度为0～2℃的温度条件下，除了像草莓、香蕉、蘑菇、鳄梨、芒果等品种释放外二氧化碳速率较高外，常见品种贮藏时，二氧化碳释放量的计算值通常在3～10mg/kg·h之间取值。由此推算，一座千吨库24h二氧化碳释放量为72～240kg。根据表5－5可选用适宜脱除量的二氧化碳脱除机。比如CT－200S型，在库温为0℃，二氧化碳在3%浓度下，24h的脱除量为220kg。如果库内二氧化碳的浓度要求为1%，这时上述脱除量将降至1/3，24h的脱除量约为73kg。

表5－5　CT系列二氧化碳脱除机选型参考表

型号	脱除量（kg/24h）	功率（kW）	重量（kg）	外型尺寸（cm）
CT－140	80	1.75	400	φ70×198
CT－140S	160	3.5	800	2×φ70×198
CT－200	110	2.2	500	φ80×208
CT－200S	220	4.4	1000	2×φ80×208
CT－300	165	2.2	700	φ94×220
CT－300S	330	4.4	1400	2×φ94×220
CT－400	220	5.5	1200	108×220
CT－400S	440	11	2400	2×108×220

注：1. 型号中加S为双罐机；

2. 脱除量为库温为0℃，二氧化碳为3%时所测值

三、其他附属设备和仪器

（一）乙烯脱除设备

众所周知，采后的许多新鲜果蔬在贮藏期间对乙烯特别敏感，即使有微量乙烯存在，也会严重影响其贮藏效果，如猕猴桃、柿子、桃、李、杏、西瓜、苹果和西洋梨等。因此，对乙烯敏感种类和品种的气调贮藏，必须对库内的乙烯进行脱除。根据贮藏工艺要求，对乙烯进行严格的监控和脱除，使环境中的乙烯含量始终保持在要求的阈值以下，这就需要在气调库内安装乙烯脱除装置。

气调库内乙烯的来源有两种途径：一是果蔬本身新陈代谢的产物，即来自果蔬内部，通常这是乙烯的主要来源；另一种是来源于外部污染，如烟雾、汽车尾气、某些化工厂废气等。脱除乙烯的主要方式有高锰酸钾氧化法和高温催化分解法。

●1. 高锰酸钾氧化法●

目前，被广泛用来脱除乙烯的方法主要有两种：即高锰酸钾氧化法和高温催化分解法。高锰酸钾氧化法又称为化学脱除乙烯法，它是用高锰酸钾饱和水溶液浸湿多孔材料，常用的多孔性材料有：膨胀珍珠岩、膨胀蛭石、氧化铝、分子筛、沸石等)。选择和提高多孔性材料的吸附性能，采取提高多孔性材料的温度、提高溶解高锰酸钾的水温增加饱和高锰酸钾水溶液的“双高”方式，可提高对乙烯的吸附氧化能力。

多孔材料的作用就是作为高锰酸钾饱和溶液的载体，将吸附饱和高锰酸钾溶液后晾干的载体放入库内、包装箱或包装袋内、闭路循环系统中、安装有抽风机的箱体内，可起到氧化分解降低库内或包装微环境内乙烯的作用。这种方法脱除乙烯过程相对简单，但脱除效率低，不适宜用作现代化气调库脱除大量乙烯所采用。同时使用一段时间后氧化性减低或消失，需要经常更换吸附剂，且制作吸附剂时高锰酸钾对皮肤具有很强的腐蚀作用。因此，高锰酸钾氧化法一般用于微型气调库、塑料大帐或塑料小包装内脱除乙烯。

2. 高温催化分解法

随着气调技术的发展，已研制生产出一种新型的高效脱乙烯装置，它是根据高温催化原理，把气调库内抽回的气体加热至250℃左右时，在催化剂的参与下将乙烯分解成水和二氧化碳，然后降温至15℃以下后，再送回气调库。这种方法叫空气氧化法，它的化学表达式为：

$$\text{（乙烯）}CH_2=CH_2+3O_2\xrightarrow[250℃]{\text{催化剂}}2CO_2+2H_2O$$

空气氧化法除乙烯装置中，其核心部分是特殊催化剂和变温场电热装置。所用的催化剂为含有氧化钙、氧化钡、氧化锶的特殊活性银。变温场电热装置可以产生一个从外向内温度逐渐升高的变温度场：即由15℃→80℃→150℃→250℃，从而使除乙烯装置的气体出口温度不高于15℃，但是反应中心的氧化温度可达240～250℃，这样既能达到较理想的反应效果，又不给库房增加过大的热负荷。这种乙烯脱除装置一般采用闭路系统，见图5－19。

空气氧化法除乙烯装置与高锰酸钾氧化法除乙烯比较，前者设备投资要高得多，但脱除乙烯的效率很高。有资料介绍，根据贮藏产品和库容大小，选用适宜型号的空气氧化法除乙烯装置，可将猕猴桃库内的乙烯降低到0.02μL/L左右，同时这种装置还兼有脱除其他挥发性有害气体的作用。在贮藏猕猴桃、西洋梨、鳄梨、芒果、番木瓜、香蕉、番荔枝和苹果的气调库中，建议使用空气氧化法除乙烯装置。

图5－19　空气氧化法除乙烯装置（小型）

（二）加湿装置

设计气调库的制冷系统时，虽然特别注意尽量缩小蒸发温度和库温的差值，通常选择2～4℃，以延缓蒸发器结霜，维持较高的库内相对湿度。但是，在气调库内贮藏的果蔬通常不宜采用薄膜包装来保持较高湿度，这是由于薄膜包装后，气体调节的作用将不能实现或不宜很好的实现，在这种情况下，如不进行辅助加湿，果蔬所处的环境相对湿度往往低于90%，甚至低于80%，而这样的相对湿度除了对洋葱、冬瓜、大蒜等少数果蔬适宜外，对绝大部分的果蔬来讲，就达不到贮藏要求的相对湿度，致使果蔬的水分蒸发加快，新鲜度显著降低，甚至丧失商品性。按照气调库的要求，库内的相对湿度应能调整至90%~95%。

目前，气调库常见的加湿装置有超声波加湿器、水混合式加湿器等，以下做简要介绍。

1. 超声波加湿器

超声波加湿器是目前气调库广泛推荐采用的一种加湿装置，其关键部件是一种称之为“换能头”的器件。将这种换能头安装在加湿器水槽的底部，使其上表面与水接触。利用震荡电路产生高频震荡（震荡频率为1.7~2.4MHz），作用在换能头上，使水雾化为3~5μm的超微粒子。借助于冷却设备，将雾化水汽吹到库内的各个角落，形成一个较为均衡的湿度场，只要加湿器的加湿量匹配得当，库内相对湿度可保持在95%左右。根据库房大小和产品所需的相对湿度，加湿器的加湿量范围一般在3~40kg/h。

超声波加湿器对水质有一定要求，应该对原水进行净化处理，水质过硬时还需要进行软化处理。气调库温度较低时水结冰的问题，通过安装设计可以解决。超声波加湿器集成模块和商品外形见图5-20和图5-21，冷库内安装的超声波加湿器见图 5－22。

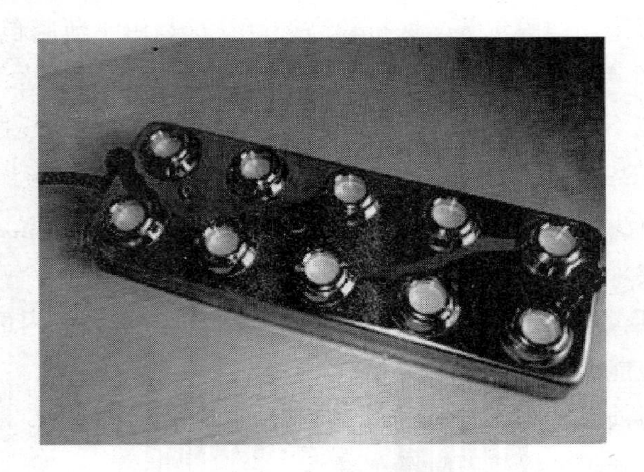

图 5－20　超声波加湿器集成模块

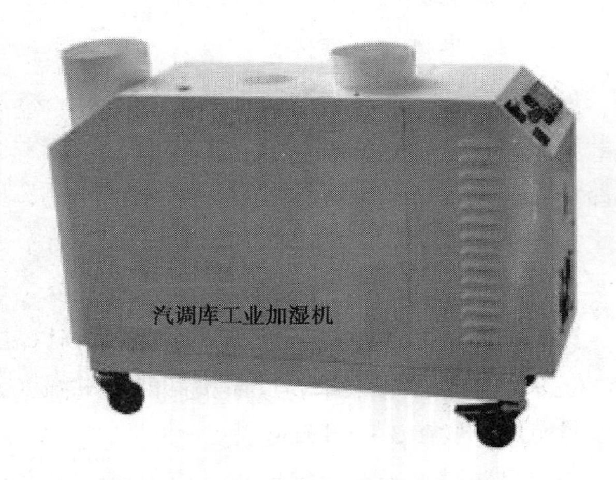

图 5－21　气调库工业加湿器

图 5－22　气调库内安装的超声波加湿器

2. 水气混合式加湿器

水气混合式加湿器是利用压缩气体（最好为氮气，以免使库内氧浓度明显变化，压力 0.1～0.2MPa）和压力相等的自来水混合，经过喷射系统将水雾喷射到气调库内，达到增加湿度的效果，系统设计且调节良好时，水雾粒子可达 2～5μm，加湿量一般为 6～12kg/h。

水气混合式加湿器有加湿速度快，扩散较均匀等优点，但是当库内温度较低时，容易导致管道和喷嘴结冰堵塞，且水雾粒子相对较大，容易造成喷头附近果蔬表面结露现象。因此，近年来在气调库上使用有所减少。水气混合式加湿器控制柜及库内喷头见图 5－23 和图 5－24。

由上述两种加湿器的特点可以看出，它们在负温条件下

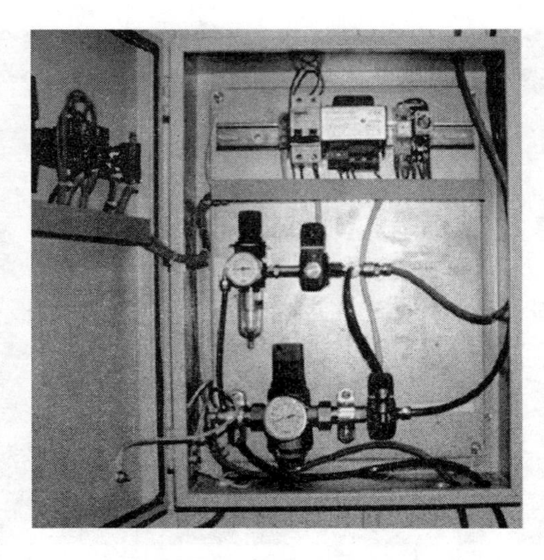

图 5－23　水气混合式加湿器压力控制和延时控制柜

图 5－24　水气混合式加湿器库内喷头

使用时，都存在如何使加湿器用水在加湿器水箱、管路和喷嘴上避免结冰的问题，这一问题目前在气调库安装加湿装置时都给予高度重视，并通过设计通气延时、电磁阀控水、排水管路加大坡度等方法能较好解决。

（三）温度、气体成分和湿度分析测试仪器

1. 温度测试和控制仪器

理论上讲，给定某一果蔬一个适宜的贮藏温度后，温度的波动范围越小越好。但在生产实践中，由于受到冷库设计、送风道设计安装、制冷机工作特性及控制器件精度等多方面的限制，我国现阶段，对于贮藏期长且对温度要求严格的果蔬，通常能够达到设定温度±0.5℃的温度波动范围，即认为是温度控制较为理想的库房。

目前，测定温度的仪器并不缺乏，气象专用型水银温度计的读数分划值可精确到0.1℃，如果在气调库内使用时，可通过红外摄像头把温度计上的读数影像通过线路传递到观察控制室。在氟利昂制冷系统中，多数采用温控仪，使制冷机实现自动开启和停机。从目前的温度传感器及控制技术来看，达到控制设定温度±0.5℃的标准也比较容易。

采用铂电阻温度计（有时也称为PT100），能提供较精确的温度测量，标准商业探头BS1904（1级）的精度是±0.25℃。在库温指示要求严格的场合，对每一探头安装后，都要用冰水混合液体进行校正。对连接线也要考虑，因为传感器的低电阻（100Ω）能导致明显的误差，这误差可以通过三线或四线连接

系统来降低。

热敏电阻型温度传感器由于有很多优点，现在已广泛应用于果蔬贮藏库中。其基本电阻很高，因此应用在几百米线路中时其误差可忽略。高质量的热敏电阻型传感器稳定性很好，国外在许多水果贮藏库中应用，但国内应用较少。

在测控温要求严格的贮藏库，为了保证温度测试和控制仪器的稳定性和可靠性，安装厂商推荐且不少用户也要求优先选用从发达国家进口的温度传感器或集成电路控制板、温控器等。但是无论何种类型，所有的传感器和显示仪表都应定期检验，以防止由于接触点腐蚀、水分进入或标定漂移所带来的误差。

●2. 气体测试和控制仪器●

气调库的气体浓度测定，主要是指对库内氧、二氧化碳的测定，一些气调库也对乙烯浓度进行测定。

（1）氧气浓度测定。常用的氧气分析仪种类有：顺磁式测氧仪、氧电极测氧仪、氧化锆测氧仪、离子流测氧仪等。

①顺磁式测氧仪。目前最先进的是以测量氧气磁特性变化的顺磁式测氧仪。物质在外磁场中被磁化，其本身会产生一个附加磁场，附加磁场与外磁场方向相同，该物质被吸引，表现为顺磁性；方向相反，该物质被排斥，表现为逆磁性。气体介质处于磁场也会被磁化，而且根据气体的不同也分别表现出顺磁性或逆磁性。如 O_2、NO、NO_2 是顺磁性气体，H_2、N_2、CO_2、CH_4是逆磁性气体。顺磁式测氧仪就是根据氧气的体积磁化率比一般气体高得多，在磁场中具有极高的顺磁特性的原理，制成的一种测量气体中含氧量的分析仪器。顺磁式测氧的优点

是，基本不受气体样品中非待测组分的影响，可用于氧含量较高的气体组分测定，相应速度较快，稳定性好；缺点是对气体样品的预处理和环境条件要求相对较高，要求仪器放置水平稳固、避免震动和周边强磁场、避免周边功率较大的用电设备和动力线等。由于内部结构复杂，比较娇贵，所以价位较高。进口国外的一些气调设备常采用顺磁式测氧仪，采用顺磁式测氧

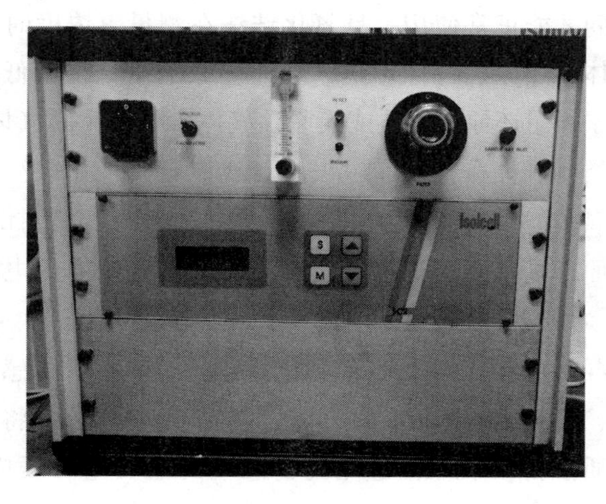

图 5－25　采用顺磁式测氧仪的气调库气体分析仪

仪的气调库气体分析仪见图 5－25。②氧化锆浓差电位法测氧仪。所使用的氧化锆管是以氧化锆材料掺以一定比例的氧化钇或氧化钙经高温烧结而形成的稳定的氧化锆陶瓷烧结体，由于氧化钇或氧化钙分子的存在，其立方晶格中存在氧离子空穴，在高温下是良好的氧离子导体。因其这一特性，在一定的高温下，当氧化锆管两侧气体中氧含量不同时，在两侧电极上由于正负电荷的堆积而形成一定的电势，此电势与氧化锆两侧气体中的氧含量具有相关性。该方法的优点是灵敏

度高，响应速度快，线性范围较宽，重现性及稳定性较好。氧化锆法氧分析仪的内部结构较顺磁测氧仪简单，几乎不受外界环境条件如温度、震动等的影响，且几乎不需要后期维护。但其缺点也较为明显，由于必须在较高温度下电子才能在氧化锆材料中进行迁移，因此仪器内部必须配备加热炉对氧化锆管进行加热，这也导致氧化锆法分析仪器需要较长的预热时间才能正常使用。且氧化锆法在测量氧浓度时会受到待测气体中还原性气体影响，从而导致测量结果偏低，因此不适用于测量还原性气体或还原性气体含量较高的气体样品。目前该类测氧仪在气调库氧浓度在线测定中使用较少。③氧电极测氧仪。氧电极测氧仪也是应用很广的氧气测试仪器。其工作原理是基于极谱电极原理，即在一定浓度的电解质溶液（分为酸性和碱性两种）中，当输出电压在 -0.5～-0.8 V的范围内，电流与氧浓度成正比。氧电极传感器以铂为阴极，铅或银为阳极，聚四氟乙烯薄膜（PTFE）将阴极端与电解质隔开。氧的渗透量与薄膜内外的气体分压成正比。此传感器也叫氧电池，是一种电化学扩散限制型金属电池。与顺磁式测氧仪相比，氧电极测氧仪的测定精度和稳定性差，传感器的使用寿命决定于流经传感器的氧积累总量，一般使用寿命较短。④离子流氧分析仪。国内生产的3D 离子流氧分析仪系从 2006 年投放市场以来，已经在市场上取得了认可，在空气分析仪器市场已占有一定的份额，尤其在医用制氧行业得到了广泛使用，主要用在氧浓度的在线检测。由于氧离子流传感器的使用寿命长，价位适中，所以具有较高的性价比。离子流氧分析仪见图 5－26。⑤奥氏气体分析仪。这是一

图 5－26　离子流氧分析仪

种化学分析仪器，利用一定浓度的焦性没食子酸溶液吸收气样中的氧，氢氧化钾或氢氧化钠吸收气样中的二氧化碳，通过量气瓶读取并计算氧和二氧化碳浓度。奥氏气体分析仪通常用作检查和校正自动分析仪器的准确性。另外，奥氏气体分析仪的价格相对低廉，但配药、操作比较麻烦，气调库内氧浓度的经常性测试并不采用奥氏气体分析仪。

奥氏气体分析仪在中国、北美和南欧的一些地方仍普遍使用。我国主要用在采用简易气调贮藏（MA 贮藏）蒜薹、苹果、猕猴桃等水果的冷库，用奥氏气体分析仪抽检塑料包装袋或塑料大帐内的氧和二氧化碳浓度。图 5－27 为常用奥氏气体分析仪的外形图。

（2）二氧化碳测定仪。比较先进的二氧化碳测定方法是采用红外线二氧化碳测定仪。不同气体对红外线的吸收特性不同，由同种原子组成的气体分子如氧、氮、氢等均不吸收红外线，只有异种原子组成的气体分子如一氧化碳、二氧化

图 5－27 奥氏气体分析仪

碳、氨和水等吸收红外线。二氧化碳浓度较低时，在 4.26μm 的红外线波长下，被二氧化碳吸收的红外线辐射能量与二氧化碳浓度呈线性关系。

采用二氧化碳红外传感器测定二氧化碳，分辨率可达 0.1%，测试精度可达 0.2%，传感器的使用寿命为 5 年以上。

（3）乙烯测定仪器。检测极低浓度的乙烯含量必须采用气相色谱仪，但是由于仪器比较昂贵，在国外也仅局限于大型气调库使用。如需要初略掌握库内乙烯积累情况，可使用电化学便携式乙烯测定仪，该类仪器测定精度一般为 ±2% FS～±5% FS（FS 是 FULL SCALE 的缩写，满量程），测定单位级为 ppm。

●3. 湿度测量装置●

气调库内相对湿度的准确测定，对贮藏经营者来讲，至今仍是一大难题。主要是由于气调库一直处在一种低温高湿状态，用普通的干湿球温度计测定相对湿度比较困难。例如，当库内温度在0～2℃，相对湿度在90%以上时，干球温度和湿球温度的差值小于0.6℃，如此小的差值在干湿球温度计中很难准确反映出来，操作人员也很难准确读出。毛发湿度计在使用中需经常干燥和浸润，一般用3～4天就须从库内取出进行干燥和浸润处理，若将其长期置于库内不能拿出，在高湿气体的作用下，毛发会过度延伸，检测误差很大，气调库很少采用。常见的电容式相对湿度传感器在80%左右的相对湿度下，测定精度可达±2%，但当相对湿度升高至90%以上时，测定精度显著下降，误差可达±5%以上。此外，国内市场上销售的湿度传感器质量参差不齐，稳定性和可靠性一般较差，而进口品牌湿度传感器（如维萨拉等）价格很贵。

鉴于湿度检测仪器的生产和使用现状，气调库相对湿度的控制和调节，在很大程度上仍要依靠或结合管理人员的经验，对湿度要求高、贮藏时间要求长、制冷系统采用直接蒸发式系统的，应选择进口品牌湿度传感器，以获得可靠且持续稳定的测定和控制湿度效果。

四、一体式气调机及便携式气密大帐

（一）一体式气调机

一体式气调机是我国近年来新开发的一种气体调节设备，是集气体浓度测控、降氧和脱除二氧化碳、脱乙烯等多种功用为一体的小微型气体调节设备。它是为小微型气调库以及小微型冷库内采用气密大帐进行果蔬气调贮藏而专门设计的气调装置，适宜于农民、专业合作组织、大型超市、高级宾馆及招待所等贮藏适宜于气调的高附加值果蔬。其主要特点是：占地面积小，安装使用灵活，一机可多库移动使用，可以实现自动运行，满足小规模多品种气调大帐贮藏果蔬的要求，设备投资较低。在普通冷库外安装一体式气调机，用于对库内气调大帐内的果蔬进行气调贮藏，见图 5－28。

图 5－28　一体式气调机用于普通冷库大帐气调（左一体机，右自动测控柜）

（二）便携式气密大帐

在小微型冷库内进行果蔬气调贮藏，采用气密大帐是最简便有效的办法之一。所谓携式气密大帐是指由组合式帐架和柔软、耐破损、可以重复使用并具有一定形状和尺寸的密封材料，所制作的可快速搭建安装的密封大帐。大帐扣在由活动支撑件搭建的帐架上，密封大帐和地面敷设的密封底布用专用密封槽进行密封。密封帐上设置进气孔和回气孔，与一体式气调机相连。大帐上还应设置可密封的取样口，用以取样观察测定果蔬质量。帐内安装电压为36V以下（安全电压）的微型风扇，以促使帐内温度均一，加快产品的热量交换。

活动支撑件可采用高强度的PVC管材，用标准接头连接；大帐和底布材料可选用优质PVC大棚膜，厚度0.12～0.15mm，进气和回气管径应不小于1.5cm。

使用时，首先进行冷库清理和消毒，铺好底布，安装活动支撑构件，将拟贮藏的果蔬用塑料周转箱装码放在底布上，预冷至适宜贮藏温度后，扣上塑料大帐进行密封，连接一体式气调机，进行气调贮藏。在上述操作过程中，要防止碰破底布和密封帐。

第六章 果蔬利用自然冷源贮藏设施及配套技术

随着全球范围内能源危机的加剧，节约能源及新型节能模式的开发利用已成为可持续发展的重要内容。对果蔬贮藏保鲜而言，机械冷库和气调库都需要电能转化为机械能，以驱动压缩机做功消耗能源，同时投资也很高，投资加运行的总成本支出通常在贮藏费用中占较大比重。

我国充分利用自然冷源贮藏大宗耐藏果蔬，在生产实践中仍占较大比重，且在果蔬减损保质中发挥着重要作用。充分利用自然冷源，同时对现有传统贮藏设施和技术进行改进提升，特别是在自然冷源充沛的地区，实现大宗耐藏果蔬的绿色低成本贮藏尤为必要。沟藏、堆藏、窖藏、通风库贮藏等，都是利用自然冷源的简易贮藏方式。以下对目前应用较普及、贮藏量较大、主要用于柑橘、苹果、梨、马铃薯等大宗耐藏果蔬的通风贮藏库建造、土窑洞建造及配套贮藏技术进行介绍。

一、果蔬通风贮藏库概述

通风贮藏库是在棚窖、半固定式菜窖的基础上发展起来的相对永久性建筑，是砖、木、水泥结构的固定建筑，贮量大，可以长期使用。20 世纪 50—70 年代，在我国北方各大中城市兴建很多，目前仍有较多应用，用于贮藏马铃薯、大白菜、柑橘、甘薯、萝卜、结球甘蓝、洋葱、胡萝卜、南瓜等果蔬，以及供夏秋菜的短期贮藏用。

通风贮藏库的贮藏原理，是利用空气对流原理，引入外界新鲜冷空气，排出库内的湿热空气和不良气体以降温换气。通风贮藏库的设计要求是：设置保温隔热材料或利用土壤的保温隔热性能，在贮藏场所内设置较完善而灵活的通风系统，利用昼夜温差，通过导气设备，将库外低温空气导入库内，将库内热空气、乙烯等不良气体通过排气设备排出库外，为果蔬贮藏提供相对适宜的贮藏环境。其设计与建造要点如下：

(一)库址的选择与库向确定

通风贮藏库宜建筑在地势高、干燥、通风良好，没有空气污染，交通、水源、电源便利的地方。建库方向应根据当地最低气温和风向而定。北方冬季寒冷，多刮风西北风和北风，以南北长为宜，这样可以减少冬季寒风的直接袭击面，避免库温过低；在南方冬季相对温暖，则宜采用东西长，以减少东晒及西晒的照射面，加大迎风面。

(二)通风贮藏库的类型及特点

通风贮藏库一般分为地上式、地下式和半地下式 3 种类型。地上式通风贮藏库全部建造在地面上，受气温影响大，所以均设计必要的性能良好的保温隔热结构，进气口设在库墙的底部，出气口设在库顶，两者可有最大的高差，有利于空气的自然对流，通风效果好。地下式通风贮藏库全部深入土层，仅库顶露出地面，因土壤保温性能好，所以墙面可不设置保温层。地下式通风贮藏库，进、出气口的高差小，空气对流缓慢，通风降温效果差。半地下式通风贮藏库介于二者之间，一部分库身在地面以上，一部分库身在地面以下，库温既受气温影响，又受地温影响，通风性能介于前两种类型之间。因此，选用哪一种类型的通风贮藏库，要根据当地气候（主要是气温和地温）、地理条件等来决定。在冬季严寒地区，贮量不太大时，采用地下式贮藏库有利于防寒保温；在温暖地区，采用地上式贮藏库，有利于通风降温；在冬季比较温暖地区，则应采用半地上式贮藏库；在地下水位较高的低洼地区，应采用地上式贮藏库。

图 6－1 为采用双曲拱顶的半地上式通风贮藏库。

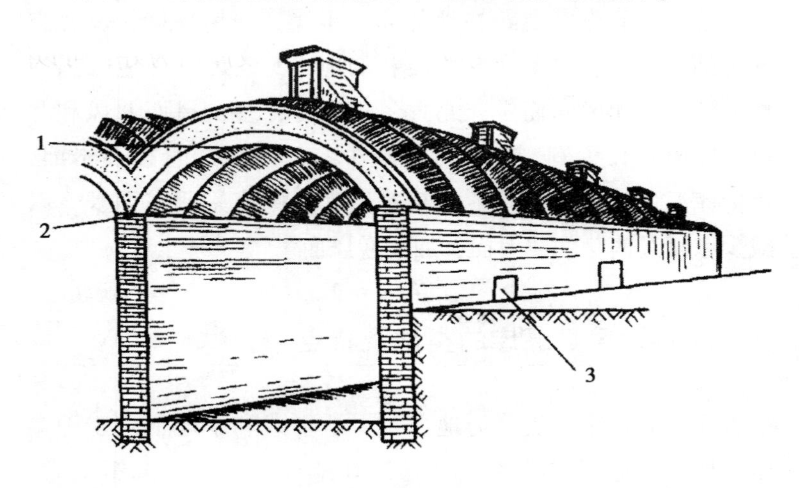

图 6－1　半地上式通风贮藏库双曲拱顶（华中农学院 1980）

1. 一级拱；2. 二级拱；3. 进气口

（三）通风贮藏库的建造

贮藏库平面为长方形，贮藏量大时，每栋库房长根据需要扩延，进深 8～10m，高度 3.5～4m，高度太低时空气会流通不畅，影响通风效果。总贮量大且多种类时，可分建若干个库房组成一个库群。在寒冷地区的大中型通风贮藏库，可将全部库房分成两排，中间设走廊，库房与走廊垂直，库门与走廊相通。走廊有顶盖和气窗，宽 6～8m，能通行汽车，两端设双重门。走廊可起缓冲作用，防止寒风直接吹入库内引起库温激变，还可兼作分级、包装或临时性贮放产品之用。也可各个库房单独向外界开门而不设共同的走廊，但须在库门外加建缓冲套间。温暖地区的库群以单设库门为好，可以直接利用库门通风。

通风贮藏库墙体可做成夹层保温墙，并设置必要的隔汽防潮层，在夹层中填充稻壳、麦秸、锯屑、膨胀珍珠岩等松散隔热材料，最好分层设置并填实，以免填料下沉。建筑时应在墙基部与土面接触的部分进行防潮处理。

近年来，聚氨酯和聚苯乙烯高分子隔热材料广泛应用于冷库建筑上，所以通风库的隔热层也可采用现场喷涂 10cm 左右的聚氨酯保温层或设置 10～15cm 的聚苯乙烯保温板隔热层。

地上式或半地上式通风贮藏库可采用人字形屋顶，在人字形屋架内，下设天花板吊顶，在天花板上铺放稻壳、锯末等填充物，或铺贴聚苯乙烯保温板；地下式通风贮藏库可采用平顶屋顶或拱形顶。

库门的建造可根据库房的大小确定。小型通风贮藏库和窑洞式通风贮藏库一般设有2～3道门，即缓冲间、库房各一道门。库门高2～2.5m，宽1.5～2m。库门应具有良好的保温性。在库墙的下部或基部设引风口（或引风道），在库墙的上部开导气窗，顶部设有排气的天窗或排气筒。库房内地面、一般不进行处理，仍为泥土地面，以保持库内较高的相对湿度。

(四)通风库的使用与管理

通风贮藏库的合理使用和科学管理，是保证果蔬产品贮藏成功的关键，其管理工作的重点是利用通风装置调节和控制库内适宜的贮藏温度和湿度，主要有如下几方面。

（1）通风库的清洁与消毒。每年在通风贮藏库使用前和结束后均需进行库房清洁和消毒处理，以减少果蔬贮藏过程中微生物引起的病害发生。常见的消毒方法是硫磺熏蒸法。即关闭库房和通风系统，用10～20 g/m^3硫磺块，点燃熏蒸，密闭24～48h，然后打开门窗和通风系统，排出残留的二氧化硫气体。此外，生产上还可以使用4%的漂白粉溶液和含有效氯0.1%的次氯酸钠溶液喷洒库内墙壁、地面和用具，密闭24～48h即可。

（2）通风库温度管理。果蔬产品入库初期，由于呼吸旺盛产生大量呼吸热，库内温度上升较快，此时及时利用外界低温开启通风装置，加大内外空气流通量，以降低库内贮藏温度。秋季通风降温管理主要是通过夜间和凌晨引入库外冷空气，白天外界气温升高时，需关闭门窗和通气口，避免对流升温。在贮藏中期，外界气温与库温逐渐下降，接近适宜贮藏温度时，适时减少通风次数和时间，维持稳定的温度和湿度。在冬季高寒地区，要注意防止冷害和冻害发生。次年春季气温回升时，管理上要减少通风次数，尽量延缓库温回升速度。

（3）通风库的湿度管理。利用通风设备可以在一定程度上调节库内相对湿度。一般而言，减少库内外通风时间，关闭门窗可维持库内较高的相对湿度，呼吸热不易排出，会使库温上升，增加果蔬腐烂率。相反，频繁增加通风次数和时间，会使库内湿度逐渐下降。通风贮藏库一般应保持85%～95%的相对湿度，如果湿度偏低，产品水分蒸发加快。因此，在生产上可采用简易的增湿方法，比如在库内地面洒水；或先在地面铺细沙后再洒水；也可以在库内挂草帘，向草帘上喷水。有不少果品和蔬菜可使用塑料薄膜包装贮藏，进行自发气调贮藏，同时可保持袋内较高的相对湿度。

目前，通风库主要在柑橘、马铃薯、大白菜上使用较多。近年来，在传统通风库基础上，产地结合自然地理条件，对柑橘通风贮藏库、马铃薯通风贮藏库（窖）、大白菜通风贮藏库进行了许多改进。下面主要对以上3种常见的果蔬贮藏通风库的一些形式加以介绍，各地可根据实际情况参考借鉴。

二、几种大宗果蔬通风贮藏库介绍

(一)改良式柑橘通风贮藏库

我国栽培柑橘主要集中在湖南、江西、四川、福建、浙江、广西壮族自治区（以下简称广西）、湖北、广东和重庆9个省(区、市)，9省市区常年产量约占全国的95%以上。目前，生产上柑橘贮藏主要以南充柑橘地窖、柑橘简易储存房和改良的柑橘通风库为主，机械冷藏库贮藏在脐橙等种类上有所应用，但占柑橘类水果总贮量的比重不大。下面主要对改良式柑橘通风贮藏库中的高地形地沟式进风隔热式通风贮藏库进行介绍。

高地形地沟式进风隔热式通风贮藏库，其内涵是贮藏库建设在地形较高的位置，利于通风降温；通过库内地面下设计的地沟引入外界自然冷风；墙壁和库顶设置良好的保温隔热层。这种库适用于年均温度18℃以下的地区，可在四川中部柑橘产地；湖北宜昌、秭归；重庆武胜等长江中上游柑橘产地以及湖南保靖、芦溪；浙江黄岩等地因地制宜应用。

高地形地沟式进风隔热式通风贮藏库的设计要点如下。

（1）高地形地沟式进风。建库地形较高，进风地沟口对准冬季风向，便于地沟口的进风。

（2）库间和通风孔参考尺寸：每间宽4～6m，长8～10m，高3.5～3.7m，净容积110～220m^3。设2条地下通风道(地沟)，库内地面共均匀配置8个进风口，进风口总面积约

为 $2m^2$。进风地沟口设插板风门，通过调节其开闭程度来控制风量。进风道从贮藏间地下通向库外。

（3）联体库。如果是数间贮库联体，应在库门一侧设走道缓冲间，以利提高库房的绝热性能，减免开门操作的热量直接传入库房的影响，并可用作预贮场地。

（4）库顶设计。库顶为“人”字顶，以减少通风阻力并避免形成死角；屋顶隔热层可填充 350mm 厚稻壳或碎稻草段，隔楼层式设置。

（5）墙体保温。库房墙休结构的建筑材料，可根据当地特点灵活采用。可采用砖墙 240mm，水泥砂浆找平，分两层黏贴 100～150mm 厚≥$18kg/m^3$的聚苯乙烯泡沫塑料保温板，120mm 内衬墙水泥砂浆砌筑，设加强柱。

（6）地面。采用吸湿性较强的土地面而不用混泥土地面，以保持库内较高的相对湿度。

（7）通风系统。在库顶抽风道内设置排风扇 2 台，排风扇 D 400mm 以上，单相电，排风量大于 $50m^3/min$；抽风口面积可按每 $30m^2$ 设计 0.42～0.75 m^2；库内设计平均风速小于 0.2m/s。

高地形地沟式进风隔热通风贮藏库平面图和剖面图可参考图 6－2，通风库外形见图 6－3。

利用该通风库贮藏柑橘，在翌年 2 月底前有较为充分的自然冷源可以利用，根据库内温、湿度需适当利用机械通风，使之在 3 月上旬以前尽量保持多数柑橘品种 7℃左右的适宜温度条件，可达到良好的贮藏效果。贮藏时间一般控制在 3 月中旬前，耐藏柑橘种类损耗率一般在 10%～15%。

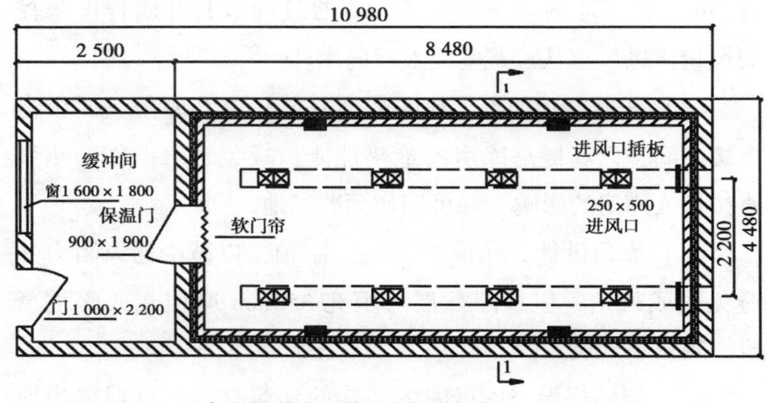

高地形地道式进风通风库平面图（1:100）

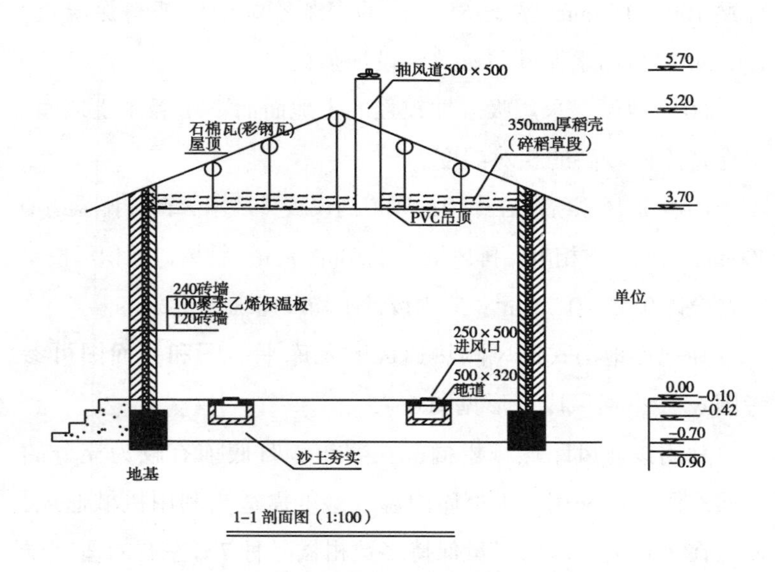

1–1 剖面图（1:100）

图 6 – 2　高地形地沟式进风隔热式通风贮藏库

平面图和剖面图

图 6－3　高地形地沟式进风隔热通风贮藏

（二）马铃薯通风贮藏库

1. 马铃薯通风贮藏库的结构及建造

我国西北和东北地区由于冬季气候寒冷，中小型马铃薯通风贮藏库的库体主要分为地下和半地下 2 种类型，通常为砖混结构，保温处理可根据需要选择覆土或贴保温材料。库顶分拱顶和平顶两种形式，对于平顶型结构，需使用防滴草帘把冷凝水引到地面，避免浸湿贮藏产品导致腐烂。库内地面宜用素土夯实。保温门芯材建议用聚氨酯板，厚度≥50mm，密度（40 ± 2）kg/m^3；对于特别严寒地区或易遭遇连续多天极端低温影响的地区，保温门内侧可加挂保温门帘。库体通风可采用自然通风，也可机械通风。因库内湿度较大，电线要用绝缘导管安装，确保证电气及元件安全。

地下或半地下式马铃薯通风贮藏库，适宜在西北、华北和东北等冬季气候寒冷、土层深厚、地下水位低的地区使用。

在我国东北地区，也有不少大型马铃薯贮藏通风库建设成地上式。为了防御冬季严寒，则库体需要设计良好的保温隔热结构；并设计安装自动通风系统，根据要求的库温、出风口温度和外界环境温度，由 PLC 控制的进风、混风和回风装置，自动控制进风与回风窗的开启与开启度。库内马铃薯采用大木箱装码垛，利用自动通风系统，保证马铃薯通风库内温度控制在 2～4℃。

根据贮藏量大小，地下式马铃薯通风贮藏库可建成图 6－4 和图 6－5 等形式，地上式大型马铃薯自动通风贮藏库见图 6－6。

图 6－4　地下式马铃薯通风贮藏库（直窖）

地下或半地下式马铃薯通风贮藏库（窖），采用砖混结构，出入口通道可采用台阶和坡道。强制通风选用管道式轴流风机。

通风管道的设计有：地上风道、地下风道和排风式通风

图 6－5　地下式马铃薯通风贮藏库（侧窖）

图 6－6　地上式马铃薯自动通风贮藏库
（大木箱装载）

系统风道。

地上风道是指通风管道在库内地面之上，常做成半圆形或三角形，管道表面开有通风孔，比较典型的有鱼鳞式通风管道；地下风道是指通风管道在库（窖）内地面之下，通风管道常做成圆形或方形，管道上面开有通风间隙，或做成整体地面通风格栅；送风或排风式通风系统风道，风机选用管道式轴流风机，地面两条支风道与主风道连接，所有通风道截面积为0.06~0.08m^2，风机风量2 500~3 100m^3/h。可采用PVC管、砖砌或混凝土风道，地面通风孔总面积应与其相对应的风道截面积相同。排风道离地面高度为1.5~2.0m。

通风方式可分为送风式通风和排风式通风。送风式通风是外界空气通过风机强制送入通风管道中，再经过通风孔进入库（窖）内，最后由出风口排出库外。排风式通风是库内的空气通过风机由出风口排出，此时在库内形成一定的负压，外界空气在负压作用下通过进风口进入库窖内的通风方式。

从利用自然冷源加速降温以及和产品对流换热强度看，送风式强制通风系统较为适宜。但是，当外界温度低于0℃时，直接引入的冷空气进到库内时温度会低于马铃薯的适宜贮藏温度（通常为2~4℃），所以应设计一个容积1m^3左右的密封箱体，使引入的冷空气先进行缓冲升温后再分布在库内。

地面下设计的风道出风应尽量均匀，为此应采取改变风道截面积的设计形式，即采用高度相同的矩形风道，但是宽度逐渐缩小，或管型风道，管径渐变缩小。

图6-7和图6-8是为我国西北地区农村推荐的20t马铃薯地下式通风贮藏库参考设计平面图和剖面图。图6-5两条支通风管之间的中心间距与薯堆高度有关，一般为薯堆高度的0.8倍，靠墙风道离库墙的距离不超过两风道中心间距的

1/2。通风管道上面的出风口数量及口径应科学设计，保证每个通风孔的风压一致、风速均匀。库门应采用10cm厚聚苯乙烯或聚氨酯制作保温门。

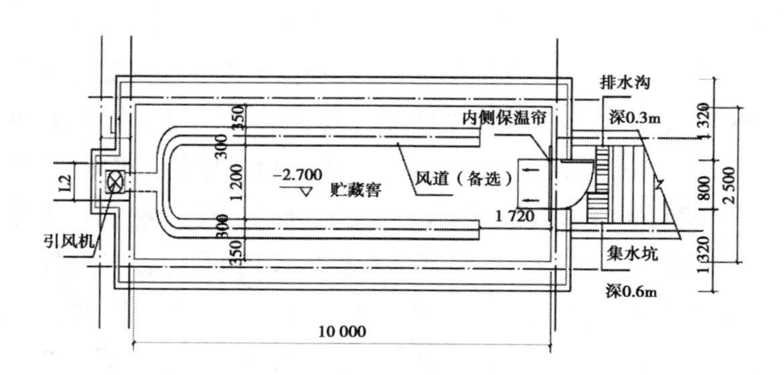

图6-7　20t马铃薯地下式通风贮藏库参考设计平面图

（参照农业部加工局惠农工程培训教材2015）

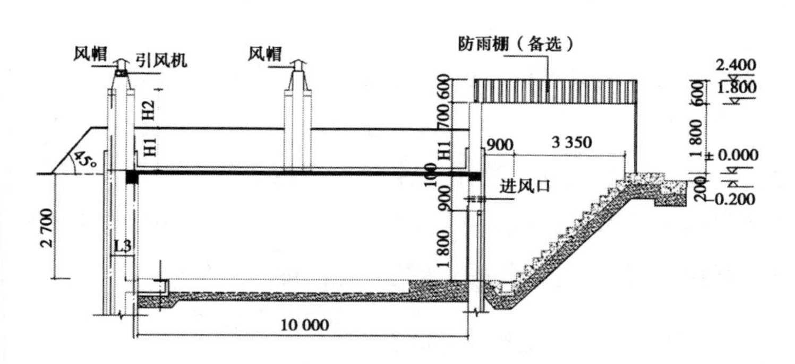

图6-8　20t马铃薯地下式通风贮藏库参考设计立剖面图

（参照农业部加工局惠农工程培训教材2015）

2. 马铃薯通风贮藏库（窖）使用注意事项

①贮藏库使用后，要彻底清理库内杂物、尘土，保持干

净，尤其是要对通风道和通风孔内残留物彻底清理；②打开库门保持自然通风1周左右。自然通风结束后，要关闭通风口和库门，以防外界热量进入库内，减免库内的温度大幅度升高；③注意检查库体有无鼠洞，若发现要及时进行堵塞，如果是从库门进入，应采用铁丝网制作当鼠网板，避免进出库开门时老鼠进入；④雨季要注意观察贮藏库周围的积水和排水情况，防止雨水灌入库内；⑤注意检查库体结构的安全性。发现库体裂缝、下沉等涉及安全问题，严禁使用，及时处理，确保使用安全；⑥使用前应检查库门的密封及保温性、牢固性以及通风道的畅通情况；⑦注意经常检查照明和通风等电气及线路的安全问题，温度和湿度计显示是否正常准确。

(三)大白菜强制通风贮藏库

在北方大白菜产区，改进的大白菜通风库贮藏是在传统大白菜通风贮藏技术基础上，利用强制通风，有效地控制库内温度、湿度及气体成分，快速排除库内的乙烯等对大白菜贮藏不利的气体。从以往传统大白菜贮藏只注意温度管理的主导思想，转向既控制温度又控制气体（主要是乙烯）的管理。

1. 大白菜强制通风库的特点

（1）设置科学的通风系统。强制通风系统由风机、风道、风道出风口、匀风空间、码菜空间和出风口组成，见图6－9和图6－10。

在采用上述地面均匀强制通风大白菜贮藏库贮藏大白菜时，应注意以下具体细节：①可根据库型大小和贮菜量多少

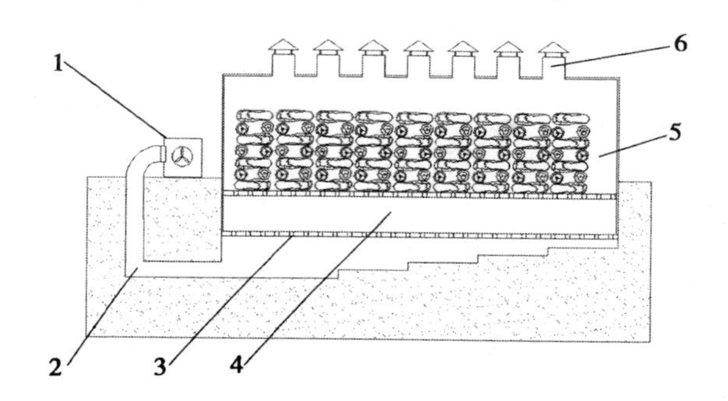

图 6－9　地面均匀强制通风大白菜贮藏库示意图（纵剖面）

1. 风机；2. 风道；3. 风道出风口；4. 匀风空间；
5. 码菜空间；6. 出风口

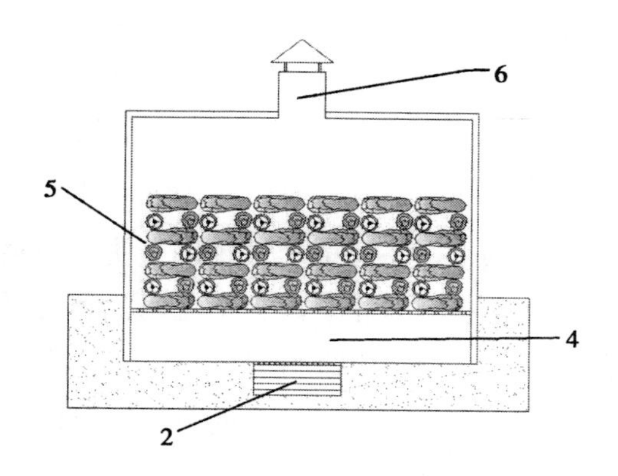

图 6－10　地面均匀强制通风大白菜贮藏库示意图（横剖面）

2. 风道；4. 匀风空间；5. 码菜空间；6. 出风口

选用适宜型号的风机；② 风道采用全地下阶梯式风道。即在窖中挖沟，沟的深度成阶梯形，近风机处深，远风机处浅，以使风道末端和首段的出风尽量一致；③风道出风口由风道上部盖板上缝隙组成。为保证每个出风口出风量相同，每个出风口（缝隙）大小都具有特定的要求；④匀风空间由支承墩和活动地板（既通风又能支承菜的重量）构成，高度依窖宽而定；⑤ 码菜空间由菜与菜之间的缝隙构成；⑥在窖顶部建有出风口，为防止外部空气倒灌，上部装有特设的出风风筒和风帽；⑦可在均风空间与码菜的结合处设置 PT100 温度传感器，通过显示屏直接观察进入冷风的温度是否适宜。

综合上述，外界冷风由风机均匀地送至整个风道，由风道出风口出来的冷风，通过匀风空间均匀分布在整个活动地板下，再通过活动地板穿过每个菜间到菜上部空间，通过出风口排出。为使风道施工准确，风道沿纵向成阶梯形，分级变换截面，风道上盖上等长度盖板，通过计算得到各盖板间的缝隙，施工时只要保证准确留好缝隙，即可实现比较均匀的送风。

（2）码菜方法采用井字型交叉花码，使每棵菜间均能通风。改变传统成坯堆码为井字型交叉花码，菜与菜之间留出缝隙，不留风道，使各处缝隙均匀一致，即造成全窖压力均匀，使风能均匀地通过每棵菜间，进而调控菜间的气体、温度、湿度，创造适宜的贮藏环境。

（3）强制通风代替了频繁倒菜的劳动。井字型交叉花码同窖体的通风系统有机配合，通过合理的强制通风，解决了倒菜所要解决的换气、降温、排湿等问题，并提高了贮藏效果，不仅使复杂的管理简单化，同时又使管理人员摆脱了繁重的体力劳动。

2. 管理技术及其优越性

根据外温和菜温的变化，利用风机强制通风引进处界适温冷空气，使菜温维持在适宜范围内，乙烯浓度控制在作用浓度以下是管理的核心。此贮藏新技术的优越性如下：①降温快（只要有0℃及其以下外温，3天就可将菜温降至适宜的贮藏温度0℃）。外界引风最低温度可通过实践观察确定，标准是进入大白菜菜堆的温度不低于－0.5℃，不使大白菜受冻；②菜温稳定（北方地区使菜温维持在0℃左右范围）；③可有效控制乙烯的积累；④能维持菜间较适宜的相对湿度（RH 90%～95%）；⑤贮藏损失较少，菜的品质好。

该型通风库每库可存放大白菜10万kg左右，只要窖体设计合理，保温性好，可达到不冻菜；通风均匀基本没有死角；管理技术简单，只要严格执行操作规程，就能取得整个贮藏期不倒菜，且损耗较低的效果。

此贮藏库设计及管理技术，适宜集中大量贮藏大白菜，为便于管理，入库和出库都要求较集中，如拖延时间太长或窖内菜堆通风不良，将会影响贮藏效果。需要强调的是：此技术是靠自然冷源合理调控库内温度，在自然冷源充沛地区，贮藏期的贮藏效果良好。当然，如果晚秋大白菜收获期无0℃以下的自然冷源利用，就不能采用该贮藏形式。如果是冬季特别寒冷的地区，库体建设必须做好隔热结构，以防止冻害。

冬春无可利用的自然冷源时，就应及时出窖，以防由于高温造成较大的损耗。

三、果蔬贮藏保鲜土窑洞

土窑洞是我国华北和西北黄土高原地区耐藏果蔬贮藏的主要场所之一。结构合理的土窑洞加上科学管理，能充分利用自然冷源，在严寒的冬季和秋季温度较低的夜间进行通风，不仅能降低窑温，同时也利用土壤热容量大的特点，逐渐降低窑洞周围的土层温度，使大量的自然冷量贮蓄在窑壁土层中。当春季外界温度回升时，利用窑壁四周的低温土层调节窑内温度，使窑内的低温时间大大延长，这就为果蔬的贮藏提供了较适宜的温度条件。因此，目前以富士和秦冠苹果为主的土窑洞贮藏在太行山以西、秦岭以北，东起洛阳、西至兰州的西北黄土高原地区仍普遍应用。

(一)土窑洞结构

目前，生产上推广使用的土窑洞有大平窑和母子窑 2 种形式。大平窑具有结构简单、建造容易、通风流畅、降温快等特点，但贮量较小，管理不太方便；母子窑的贮量大，管理相对方便，在翌年温度回升时能较好地保持窑内低温，但降温较慢，结构较复杂。

1. 大平窑

大平窑主要由 3 部分组成。即窑门结构、窑身和通气孔。

(1) 窑门结构。窑门结构并不是简单的装置一个窑门，它是指土窑洞前面专门设计一段较窄的部分，它对稳定窑内温度起很大作用。具体为：①窑门朝向。最好向北，其次向东，可免受或减少阳光直接照射，且冷空气容易进入窑内；②尺寸。一般窑门宽1.2～2.0m，高约3m，和窑身高度保持一致，门道长（深）4～6m；③窑门设置。门道前后分别安门。外侧门（头道门）做成实门，关闭时能阻止窑内外空气对流，内侧门（二道门）做成铁纱窗门，在保证通风情况下，兼有防鼠作用，即在不打开二道门的情况下就可以通风，既方便又安全。头道门和二道门的最高处，应分别留一个长约50cm、宽40cm的小气窗。为增加整个窑门的隔热性能，二道门前还要挂一道棉软门帘。

（2）窑身。窑身是太平窑的贮果部位。窑身宽一般为2.5～2.8m，过宽时窑壁土层容易塌落，影响窑洞的坚固性。窑身长30～50m，高约3m，窑身两侧距地面1.5m以下窑壁要和地面保持垂直，顶部呈尖拱形，以便窑洞具有良好的稳固性。窑底和窑顶保持平行，由外向内缓坡向下，比降约1%，缓坡向内有利于窑外冷空气进入窑内，加快土窑洞通风降温的速度。

（3）通气孔。大平窑的通气孔设于窑身后部，从窑底一直通出地面，截面可以是圆形，也可以是正方形。内径或边长为1～1.2m，高10～15m（地面高度5 m即可），通气孔地面出口处应根据土层厚度，筑起一个高2～5m的砖筒。如果气孔不便加大和建高，在通电方便的地区，应考虑机械通风，即在通风孔的上方安装排风量3 000m^3/h左右轴流风机一个，促使窑内外空气对流。

土窑洞靠比较深厚的土层来稳定窑内温度，因而土层愈深，窑内温度变化愈小。所以，从保温性能和避开崖顶的地表分化土、保证窑的坚固性等方面考虑，窑顶土层厚度至少应保持5m以上。图6－11上图和下图分别为大平窑平面和剖面示意图。

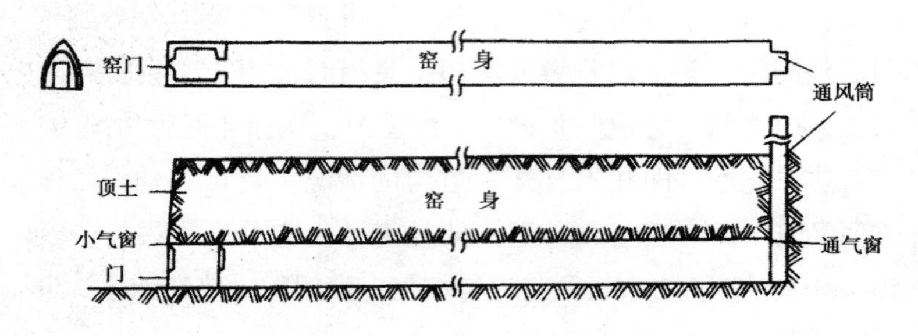

图6－11　大平窑平面和剖面示意图

2. 母子窑

母子窑主要由5部分构成，即母窑窑门、母窑窑身、子窑窑门、子窑窑身和母窑通气孔。

（1）母窑窑门。通常宽为1.6～2.0m，高约3.2m，门道长5～8m，坡降10%～15%。母窑窑门方向的确定、门的安装方法与大平窑基本一致。

（2）母窑窑身。宽1.6～2.0m，高约3.2m，长50～80m，其他同大平窑。母窑窑身作为通道一般不存放果实，它的用途主要是通风和作为运输果蔬的通道。

（3）子窑窑门。宽0.8～1.2m，高约2.8m，长约1.5m，坡降20%～25%，即子窑窑门比母窑窑身低约40cm，子窑窑门一般不安装门扇，根据土质情况确定是否需要砖碹加固。

（4）子窑窑身。它是母子窑的贮果部位。宽2.5～2.8m，高约2.8m，长度一般不超过10m，窑身断面也为尖拱形，窑顶窑底应平行，由外向内缓慢向下，比降约1%，即子窑窑顶的最高点应在子窑窑门处外侧与母窑相接之处，相邻子窑的窑身要保持平行，土层间距要求5～6m，两侧子窑的窑门应相间排列，这样可增加母子窑整体结构的坚固性。

（5）母窑通气孔。母窑窑身后部设一通气孔，子窑可不设通气孔。由于母子窑贮果量较大，通气孔内径应加宽到1.4～1.6m，高度在15m以上。图6－12为母子窑的平面及剖面示意图。

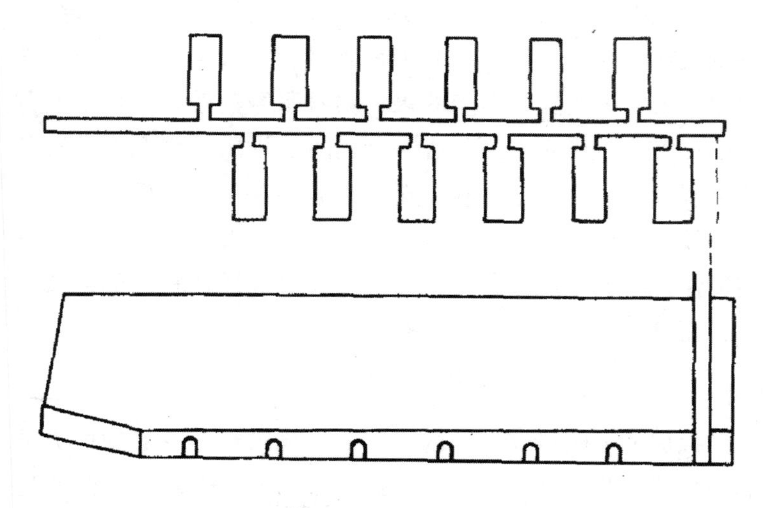

图6－12　母子窑的平面和剖面示意图

从建造方式上土窑洞有掏挖式和开挖式两种。掏挖式土窑洞建造的前提是窑顶土层深厚，至少5m以上，有时达几十米，开挖式土窑洞则通过开挖取土，砖砌建窑，深入地下，窑顶覆土或覆以保温材料。开挖式土窑洞如窑顶采用150mm厚钢筋混凝土现浇板封顶后，经济条件许可，可在现浇板上铺设0.12mm厚聚氯乙烯大棚膜，再错缝铺设2层5cm厚的聚苯乙烯挤塑板，上面用 0.12mm 厚聚氯乙烯大棚膜覆盖，再覆土 500mm 左右，土层上部掺一定量的石灰，踩压结实，使雨水顺畅流走。

(二)土窑洞内安装制冷设备

土窑洞贮藏果蔬，具有投资小、操作简便、效果良好的特点，但也存在果蔬入库初期和贮藏后期库温偏高的弊端，特别是在年平均温度高于 12℃ 的地区，窑温偏高问题更显得突出。加上该地区所生产的果蔬本身耐藏性较差，长期贮藏难度更大。实践证明，在结构合理的贮果用土窑洞中，安装小型制冷设备，在充分利用自然冷源的基础上，可使窑洞内维持较低而相对良好的低温条件。在此贮藏环境条件下，基本能保持耐藏果蔬如苹果、梨、马铃薯等果蔬较好的贮藏品质，而且投资不大，能耗也较低。

●1. 对土窑洞的基本要求●

拟加装机械制冷设备的土窑洞，要求在冬季必须能充分利用自然冷源通风蓄冷，春、夏、秋能最大限度地隔热保冷。为此，除要求具备图 6－7 所示的大平窑的基本构造外，应设置便于灵活开启的保温门。同时，要求掏挖式土窑洞的窑顶土层深厚至少 5m 以上，墙体、地面不需要再设置保温层；开挖式窑洞由于受顶层覆土承重的限制，需要设置隔热层或简易隔热层，并做防潮层予以保护。

●2. 对小型制冷设备制冷量的要求●

在容量为 40～50t 的土窑洞内，可安装 1 台 10 匹的小型氟利昂制冷机组，冷风机用制作的钢架安装在二道门内的上方，在窑身的中部，安装一个轴流风机，起到接力送风的作用，以使窑洞末端的温度与冷风机附近的温差尽量缩小。在水源充沛的地方可采用水冷机组，制冷效率相对较高，山区或其他缺水地区则必须采用风冷机组。该制冷设备需要380V电源。

年平均温度12℃以上的地区，按照10月上中旬采收苹果，果实入库初期窑温通常在10℃以上，有的甚至超过15℃，在这些地区入贮苹果，应提前7～10天开启制冷设备，每天开机10h以上，可将库温降至8℃以下。因为土窑洞的墙壁和地面均未做保温隔热层，所以在期初几天降温速度较快，随后由于土层放热蓄冷降温速度变得缓慢。所以，在入贮期间，当库外温度降至小于8℃时，就不再使用制冷机，而启动土窑洞上的通风装置，利用自然冷源通风降温。在冬季，外界自然冷源充沛，可充分利用自然冷源，加厚冷土层厚度。贮藏后期当气温回升，窑内温度达3～5℃而窑外温度一直在8℃以上时，就必须重新开启制冷机，以维持较低的窑温。

(三)土窑洞内安装自动通风装置

目前，现行土窑洞贮藏设施中对自然低温的利用，传统方式是人工操作库门和风道的启闭，虽可降低贮藏成本，但人工操作对自然低温的选择准确度差，利用率低，以及易造成人为的温度误差，使贮藏环境温度波动幅度增大，降低了贮藏质量，且人工费用也较高。

为了避免其不足，近几年在一些土窑洞贮藏中安装了自动通风装置。自动通风装置使自然低温的选择和利用实现了自动化。其温度管理调控的模式如下。

主要操作原则如下。

（1）库温在 -2～15℃范围内，库外温度低于库内温度，且温差≥3℃时，通风道门和库门一起自动打开，换气风机自动启动运转，将库外冷空气引入库内，直到库内外温度相等为止。

（2）库温在 -2～15℃范围内，库温低于库外温度时，换气风机、通风道门和库门同时自动关闭。

（3）当库温继续下降到 -2℃（下限温度）时，换气风机、通风道门和库门同时关闭，并发出连续报警声，以此提醒值班人员库温已到下限温度。

(四)果蔬土窑洞贮藏保鲜管理技术

土窑洞的管理主要包括温度管理、湿度管理和其他管理，而温度管理是最主要的。温度管理可人为地分为 3 个阶段，分别加以介绍。

●1. 温度管理●

（1）果实入窑初期的温度管理 。秋季果实入窑至窑温降至0℃左右，称为果实入窑初期。此期外界温度变化的特点是：白天外界温度高于窑温，夜间一段时间低于窑温，随时间推移，外界温度逐渐降低，白天外界温度高于窑温的时间逐渐缩短，而夜间外界温度低于窑温的时间逐渐加长。另外，刚入窑的果实田间热多，呼吸强度和呼吸热大，常常出现窑温回升现象，因而该期温度管理的主要任务是，尽可能利用外界低温，进行通风降温。做法是，在外界温度开始低于窑温时，立即打开窑门（包括棉软门帘）、通气孔，进行通风；在外界温度等于窑温并出现上升趋势时，关闭窑门、棉软门帘、通气孔小气窗等所有通气孔道。这一时期能否充分利用自然低温，尽快把窑洞温度降到一定水平，是关系整个贮藏效果好坏的关键。因而，对偶尔出现的寒流和早霜天气，要不失时机地进行通风降温。

（2）冬季温度管理。这是指窑温降至0℃到翌年窑温回升至4℃的这一时期。该期间，要在贮藏果蔬不受冷害和冻害的前提下，尽可能地通风，在维持贮藏要求的适宜低温的同时，不断地降低窑洞四周的土层温度，加厚低温土层，尽可能多地将自然冷蓄存在窑洞四周的土层中，这对外界气温回升时维持窑洞内的适宜温度起着十分重要的作用，即窑洞管理上所谓的“冬冷春用”。这一时期科学合理地管理，还可使窑温逐年降低，生产上常讲旧窑洞比新窑洞贮果效果好，主要基于这个道理。

以苹果土窑洞贮藏为例，通风时，在距窑门最近的产品靠近地面处设测温点，该点的温度如不低于-2.5℃时，整个窑内的果实就不会发生冻害。据山西果树研究所在山西太谷多年的观察记载，冬季在外温低于窑温但不低于-6℃的情况下，应打开窑门和通气孔，掀开棉门帘进行“大通风”，外温在-10～-6℃时，应关闭窑门，严封棉门帘，启开部分小气窗和通风孔进行“小通风”，在外温降至-10℃以下或高于窑温时，将所有孔道关闭，达到防冻或防热的目的。

（3）春、夏季温度管理。这段时间是指翌春窖温上升至4℃以上到贮藏产品全部出库。翌春，外界气温逐渐上升，由于热传导和热对流作用，当外温全日高于窖温时，窖内和土层就会吸热，并逐步升温。因而这一时期温度管理的主要任务是，尽量减少外界高温对窖温的不利影响，减慢窖温和窖壁土温的回升速度，使窖温尽量维持在较低的范围内 。具体管理方法是：在外温高于窖温的情况下，要紧闭窖门、小气窗、通气窗，封严棉门帘，防止窖内外冷热空气的对流。平时要尽量减少工作人员进出窖的次数。每次进出窖后要随手关门，以减少窖内冷量的损失。在早春和出现寒流的夜晚，若有低温可以利用，即外界温度低于窖温时，就要抓住有利时机，打开窖门、通气孔，掀开棉门帘，进行通风。

2. 湿度管理

适宜在土窑洞内贮藏的水果主要是苹果、梨等大宗耐藏果品。贮藏苹果时，多数品种宜采用塑料薄膜包装，因而窑洞内的相对湿度高低对包装内的果实影响不大，但是应在果实品温降低后再装袋，以减免袋内结露。同时袋子厚度以0.04～0.05mm为宜，红富士、国光等品种不耐二氧化碳，袋子上要用打孔器打数量和面积适宜的孔，使袋子内保持适宜湿度，但是二氧化碳不明显积累。而贮藏梨时，因为大部分梨品种不耐二氧化碳，所以不适宜用普通塑料薄膜包装贮藏，可采用单果纸包装或用微孔塑料袋包装，避免二氧化碳伤害。

如窑洞内相对湿度低于70%时，可在窑洞地面结合消毒喷洒消毒剂进行加湿。此外，冬季窑内贮雪、贮冰对提高窑内相对湿度、降低窑内温度有双重作用，有条件时可以采用。

产品出库后，可在窑内地面适度灌水。灌水时，为防积水侵蚀土壁，不能让水流到窑洞壁的基部。因此，在灌水前需在离窑壁约30cm处筑土埂，使灌水积于土埂之间。为避免因窑身的坡度水流顺坡而下，应在两埂之间再做小堰，依次灌水，使水分均匀渗入土层中。这样下次使用时窑内相对湿度就比较适宜。

3. 其他管理

（1）窑洞的清理和消毒。果蔬贮藏结束后，不仅要对窑洞内的腐烂果蔬进行彻底清理，而且要采用物理或化学的方法进行消毒。因为在窑洞内，特别是使用多年的旧窑洞内，青霉菌、绿霉菌、灰霉菌以及引起核果类软腐病等的多种真菌性病原菌的孢子，广泛存在于窑洞内的空气、地面土壤、包装物和器具上，通过清理杂物、脏土层并对清理干净的窑洞进行消毒杀菌，可大幅度减低菌原基数。

目前，常用的消毒方法仍以化学消毒法使用普遍，如高效库房消毒剂燃烧熏蒸法、燃烧硫磺产生SO_2熏蒸法（通常按15～$20g/m^3$），或用1%～2%漂白粉溶液喷洒消毒。如窑洞内贮藏蔬菜腐烂严重，可对窑洞的墙壁及顶部用石灰浆加1%～2%的硫酸铜喷白。臭氧消毒属于安全高效的物理消毒方法，可选用适宜产率的臭氧发生器，使库内浓度达10μL/L以上，达到这一浓度后停机封库24～48h。

（2）封窑。贮藏产品全部出窑并经过清理消毒和灌水加湿后，进行封窑。

如外界无低温气流可利用时，要封闭窑洞各部位的孔道。窑门可用土坯或砖砌筑并用秸泥抹严，做到与外界相对隔绝，减少窑洞内所蓄冷量在高温季节的流失。据相关研究单位测定，封窑处理的比不封窑处理的窑温低 2～3℃，可见这一管理也十分重要。

土窑洞内大帐堆藏苹果的帐架结构和封帐后贮藏场景见图 6－13 和图 6－14。

图 6－13　土窑洞内大帐堆藏苹果的帐架结构

图 6－14　土窑洞大帐贮藏苹果

四、果蔬贮藏保鲜智能型通风装置

（一）自动通风降温装置

自动通风降温装置，就是利用两支温度传感器分别安装在室外和贮藏环境内，以测定外界温度和贮藏场所内的温度，两支温度传感器分别与两个温控仪连接，其中控制室外温度的温控仪为制热用温控仪（温度低时接通，可选用 NA811 型温控仪），控制室内温度的温控仪为制冷用温控仪（温度高时接通，可选用 NA810 温控仪）。

当贮藏场所内的温度高于制冷用温控仪设定温度值，贮藏场所外的温度低于制热用温控仪设定温度值时，即上述两个条件同时满足时，控制器电路接通，继电器吸合，通风系统开始工作。通常制热用温控仪设定温度值（即外界温度设定值）应比制冷用温控仪设定温度值（即贮藏环境温度设定值）低3℃以上，通过较大的温差设定以增强通风换气的效率。

将测控库内和库外的两个温控仪进行串联使用，但是两个温控仪必须分别使用制冷和制热温控仪，否则不能实现自动通风的目的。

此自动控温装置使用方便，控温准确，可根据库内外温度进行智能通风降温，免除了冬季人工放风的工作，且控温精准，装置价格也不高。

图6－15为国家农产品保鲜工程技术研究中心研发的果蔬贮藏自动通风降温控制柜。

图6－15　果蔬贮藏自动通风降温控制柜

（二）通风换气和机械制冷自动切换控制装置

对贮藏温度要求严格的果蔬，在进行机械制冷获得所需低温时，为了既能有效利用自然冷源，又能提供适宜的贮藏低温，可采用安装机械制冷与自动通风切换装置达到此目的。国家农产品保鲜工程技术研究中心研发的通风换气和机械制冷自动切换控制装置外形见图 6－16。

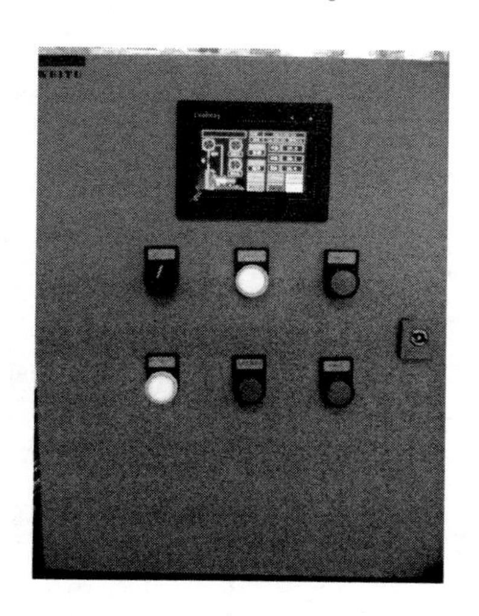

图 6－16 通风换气和机械制冷自动切换控制装置

该装置可根据贮藏果蔬要求的适宜温度设定参数，当外界温度低于所贮果蔬要求的适宜温度 3℃以上时（可以自行设定），系统自动关闭机械制冷装置，开启通风换气系统，靠自然冷源保持适宜贮藏温度，当外界温度等于或高于设定的适宜贮藏温度时，无自然冷源可利用，系统自动切换至机械制冷。该装置的自动切换是利用可编程逻辑控制器（PLC）实现的。

该通风换气和机械制冷自动切换控制装置，可以把利用自然冷源和机械冷藏系统结合起来，在利用自然冷源节能降耗的同时，也实现了果蔬的适宜低温贮藏。

第七章　果蔬贮藏设施节能与安全

果蔬贮藏设施的节能降耗主要是针对机械冷库或气调库而言，对于简易贮藏场所则是如何充分利用自然冷源。果蔬贮藏设施的节能降耗，主要包括库体节能降耗和制冷装置节能降耗两方面。前者包括冷库设计、建造工艺、新材料应用和合理使用，制冷装置的节能则包括制冷装置的设计、安装、新装置和新技术应用、维护管理以及技术改造等环节。

果蔬贮藏设施的安全，主要包括设计安全、安装安全和规范操作使用与维护等。

一、果蔬贮藏设施节能

（一）冷库建造及合理使用

冷库的外部环境和内部空间存在着多种热源，为满足果蔬贮藏所要求的适宜低温，需要通过制冷装置将冷库内的热量吸收并排放至冷库外的冷却介质中。一般来讲，冷库内的热源（也叫热负荷或耗冷量）包括以下 5 方面：①由于冷库内外的温差以及受太阳辐射作用，通过冷库的墙体、屋顶、地坪等传入库内的热量；②果蔬采收后自身所带的热量（也叫田间热）；③果蔬呼吸代谢所释放的热量（也叫呼吸热）；

④开门操作、通风换气等带入库内的热量；⑤冷库内照明、电动机和操作人员所产生的热量。因此，在考虑和优化果蔬贮藏库的节能时，要从以下多方面入手进行。

1. 科学设计尽量减少围护结构外表面积

理论和实践均表明，冷库围护结构外表面积越大，热量交换的面积就越大，冷库漏冷的机会就越多。在同样容积的前提下，除球型建筑（对冷库不适用）外，正方体的外表面积最小。但是从使用工艺角度讲，正方体设计通常与使用工艺不相符合，有时仅仅用于微型冷库，而中小型冷库通常都建成长方体。为此，要尽量缩小冷库的长宽比。

2. 选用优良的保温隔热材料并做好隔汽防潮

隔热材料的隔热性能直接关系到保温效果和冷库长期应用的可靠性。从目前冷库保温材料的发展和利用现状来看，高分子有机材料发泡制作的隔热材料如聚氨酯泡沫塑料、聚苯乙烯泡沫塑料等，在冷库上应用相当普遍，松散型有机和无机隔热材料应用相对较少。因为隔热材料的隔热特性直接受含水量影响，所以无论采用有机或无机隔热材料，均应考虑隔汽防潮。采用隔热夹心板的冷库，两侧彩钢板虽可起到隔汽防潮的作用，但也应做好板与板、板与地面之间缝隙的密封防潮。此外，地坪隔热层的隔汽防潮层也一定要做好。

3. 满足节能型隔热厚度

透过冷库围护结构如墙体、屋顶、地坪传入库内的热量占冷库总热负荷的20% ~35%，容积小的冷库所占的比例更大，所以这部分热量是冷库的主要热量来源之一。从理论上讲，保温层的最佳厚度可以通过技术经济分析求出，但目前在工程实际中应用仍较少。随着全球能源供求矛盾的突出，世界上很多国家建议冷库的隔热层应适当加厚，以减少制冷设施运行过程中的能耗。

每小时在每平方米面积上通过冷库围护结构传入的最大热量叫做热流密度。法国在20世纪80年代规定：冷库围护建筑的热流密度取7～8W/m^2，美国为6.3W/m^2，日本在同期采用7.2W/m^2，并将按此标准选用的隔热层厚度称之为节能型厚度。其他国家也先后提出了节能型隔热厚度的概念。我国冷库围护结构的热流密度取值没有明确推荐，但对冷间外墙、屋面和棚顶的总热阻取值表中（GB50072—2010），热流密度的列表范围是7～11W/m^2，如果按照室内外温差40℃计算，热流密度11W/m^{2}时的总热阻为3.64m^2·℃/W，而热流密度7W/m^{2}时的总热阻为5.71m^2·℃/W，相差幅度较大。总体来讲，我国比其他国家的标准低许多，即冷库设计在保温性能上的要求不及上述几个发达国家。然而，我国电力资源比较缺乏，电费较高，所以大力提倡采用节能型隔热厚度，比发达国家具有更大的现实意义和经济效益。而对于容积较小的冷库，增加隔热层厚度的意义更大，因为小微型冷库单位容积的围护结构外表面积要高于大库，单位容积的传热量相应也大。因此，只要经济条件允许，采用节能型隔热厚度设计，无论对新库的设计还是老库的改造，都具有重要的现实意义。

为达到节能型隔热厚度的设计要求，结合我国保温材料的质量、施工条件和其他综合因素，对于选用下列优质保温材料的高温库（0℃库），在非极端高温和低温区域，隔热层厚度的设置可参考表 7 – 1。

表 7 – 1　隔热层设计厚度参考表

隔热材料名称	墙壁（cm）	屋顶（cm）	地坪保温层（cm）
聚氨酯泡沫塑料	10	15	聚苯乙烯挤塑板 10
聚苯乙烯泡沫塑料	15	20	聚苯乙烯挤塑板 10
玻璃棉	25 ~ 30	30 ~ 35	聚苯乙烯挤塑板 10

注：在极端高温地区夏季常用的冷库或极端寒冷地区冬季常用的冷库，隔热层厚度可酌情加厚

4. 减少从库门进入的热量

冷库开门时热空气必定会流入库内，这不仅会使库温升高，还会带入库内大量水蒸汽，加快蒸发器结霜，导致融霜次数增加，造成库温升高或波动。

对于使用电动门的冷库，应安装具有定时回路的自动关门器，开门和关门的时间应在 3 ~ 5s。英国的一项研究表明，当库门敞开的时间由 7s 延长至 15s 时，通过门的冷损量增加约 3.3 倍，即门洞敞开的时间增加一倍，其冷损失将增加数倍。因此，要尽可能缩短开门的时间。

厂家生产的冷库门一般分为小型（墙体洞口 1 200mm × 2 100mm）、中型（墙体洞口 1 500mm × 2 100mm）、大型（墙体洞口 1 800mm × 2 400mm）和超大型（墙体洞口 2 400mm × 31 500mm）。在满足使用的前提下，冷库门的面积应该尽量减小，特别是门高要科学设计。有研究表明，对于冷损失而言，库门的高度比宽度影响大得多。如果以 3m 高的门洞作为参照基准，不同高度的门相应的能量损失见表 7 – 2。

表 7-2　门洞高度不同时的相对能量损失

门洞高（m）	4.5	4.0	3.5	3.0	2.5	2.0
相对冷量损失（%）	185	154	126	100	76	54

20 世纪 80 年代前后，我国建造的容积较大的果蔬冷库一般都设置有穿堂，果蔬进出库时可避免库内空气与大气直接连通。但近年来，出于商品搬运机械化和节约用地等考虑，新建的冷库基本上都不设计穿堂，而采用冷库门直接与常温穿堂或大气空间连通。为减免开门时空气的流入，通常是在冷库门上设置空气幕，以阻止库外空气直接侵入库内。研究表明，冷库空气幕送风速度、喷口宽度和送风角度对空气幕的效率有明显影响。使用实践表明，设计、安装及调整合理的空气幕，阻隔效率可达 80% 左右，即开门时有 80% 左右的空气可被阻挡。冷库门上方安装的空气幕见图 7-1。

图 7-1　安装在冷库门顶的空气幕

库门悬挂软片搭接塑料门帘，也有较好的阻止热空气侵入的效果。门帘采用3mm×200mm（厚度×宽度）的透明聚氯乙烯软片交叉搭接，悬挂在冷藏间门洞口的冷侧。当然，在安装空气幕的基础上，如再加设聚氯乙烯软片门帘，效果会更好。库门上安装的软片搭接塑料门帘见图7－2。

图7－2　冷库门上安装PVC软片搭接塑料门帘

在一些货物频繁进出的大型冷库或物流冷库，货物批量进出时，传统的电动和手动平移门基本处于常开状态，使用快速保温冷库门（保温卷帘）设置红外监控装置，可以起到即进即开、即离即关的效果。国外某批发市场冷库上的快速保温冷库门见图7－3。

图 7－3　快速保温冷库门（保温卷帘）

5. 减少从库顶和墙壁进入的热量

通过库顶和墙壁传入冷库内的热量不仅由库内外的大气温差引起，太阳的辐射热也是很重要的一部分。粗略测定表明，夏季外界气温为 33～35℃的晴天中午，采用石油沥青油毡做防水层的库顶油毡表面温度可高达 70℃左右，这是由于黑色油毡表面对太阳辐射的反射率很低，大量吸热造成升温。太阳直射的墙面辐射热的影响也很大。目前已有厂家生产外侧黏贴镀铝膜的反光油毡，采用这种反光油毡或类似性能的复合防水材料，可大大提高屋顶对太阳辐射的反射率，从而减少向库内传热。

室外组合式冷库，一般都设计有钢制罩棚，既可减少太阳直射引起的辐射热，也能起到避免风、雨、雪等活荷载的影响。

此外，冷库的屋面及外墙宜涂成白色或浅色，以减少太阳辐射热。

6. 尽量避免“冷桥”和缝隙漏冷

库内的冷量直接通过某一导热体（如金属或构件等）传至库外，这个导热体俗称“冷桥”。通俗地讲，“冷桥”就是传递热量的桥梁，在相邻但库温不同的库房或库内外，由于建筑结构的联系构件或隔热层中断都会形成“冷桥”。例如上下层不同库温之间库房的连接柱子、外墙与楼板连接的拉杆、松散隔热材料下沉脱空处、穿墙管道、地坪和墙体的连接处、门洞外面的局部地面等，都会形成“冷桥”。由于联系构件所采用的材料一般隔热性能较差，在“冷桥”处容易出现结霜或结冰现象，如果处理不好，不但会造成冷量损失，还会因热量的不断传入，使“冷桥”处结霜和结冰的面积渐渐扩大，导致“冷桥”附近隔热层和结构件的损坏。“冷桥”是冷库土建工程遭受破坏的主要原因之一。

7. 合理设置通风换气装置

果蔬冷库内的空气必须具有适当的流速，以使库内各处空气温度尽量均匀。库容较大的冷库，一般都应设置均匀送风道，安装在主通道上方靠近库顶处，由条缝口或风嘴吹出气流，射向墙壁和下方，通过产品返回到蒸发器下方吸回，通过蒸发器翅片管重新回到风道。所以，冷库内货物的堆码及排列方式，对空气流通有很大影响。

空气流动的一个基本原理是取道于阻力最小的路径，以得到最大的空气流量。如果送风道出风小或不均匀、堆码不科学阻拦空气流动造成死角，都会使降温缓慢，设备运行时间加长，耗能增加。为此，货堆之间、货堆与墙壁之间、货堆与地面之间，均必须留有必要的空隙，货垛的堆码排列应与通风换气安排协调一致。冷库堆码货物地面用塑料托垫具有承重大、耐用、不易潮湿长霉等特点，近年来在冷库中得到广泛应用。

由于果蔬呼吸释放二氧化碳和乙烯等挥发性气体，如果库内外不经常进行通风换气，不良气体就会明显积累，对果蔬的贮藏会产生不良影响。因此，果蔬贮藏库内应设计通风换气装置。但是采用通风换气装置时，由于和外界空气交换的同时也伴随热量交换，常引起库温升高。所以，通风换气装置从设计到使用应尽量减少吸入热量。

目前冷库通风换气装置多数是在冷库墙壁安装适宜换气量的轴流风机，启动轴流风机向外排风换气。轴流风机的换气量，一般选择每小时换气量为库容积约 3 倍的风机。将风机安装在可以自动启闭的保温风阀内，风机运行时风阀开启，风机停止时风阀严密关闭，可减少不通风时外界热量的漏入。在通风管理上尽可能在库内外温度相近或库外温度略低于库内温度时进行，减少外界热量的引入，并掌握好换气时间和间隔。

(二)制冷设备及系统节能

1. 制冷设备设计配套

(1) 制冷压缩机。在制冷压缩机选择方面，小微型冷库应选择性能优良的半封闭或全封闭制冷压缩机，大中型冷库可采用内容积比可调节（带经济器）的螺杆压缩机或活塞式压缩机，采用变频技术或多能级优化组合，使压缩机的运行适应变动的热负荷。

（2）冷凝器。与其他形式的冷凝器相比，蒸发式冷凝器是一种高效节能的换热设备，它可通过水的蒸发潜热吸收制冷剂放出的热量，可减少水循环量。理论上，蒸发式冷凝器的循环水量小于水冷式冷凝器的10%。有研究报道表明，在氨制冷装置上用蒸发式冷凝器，根据实际运行测试，三种典型品牌蒸发式冷凝器的平均能耗约为立式水冷式冷凝器系统的32%，约为卧式水冷式的47%。并且由于水冷式冷凝器的初投资还必须加上冷却塔等辅助设备，故蒸发式冷凝器的初投资比水冷式冷凝器系统的要略低些。因此，应优先选用蒸发式冷凝器。

（3）蒸发器。蒸发器的制冷量应配置适宜，不宜“小马拉大车”，更不能“大马拉小车”。大中型冷库可选用高效双速风机或变速风机，根据热负荷变化调节冷风机的功率。虽然增加了初投资，但是回收期短，总体来讲可节约成本。

●2. 并联机组的应用●

采用并联机组设计也是目前冷库节能运行的一项主要技术，该项技术于1953年起源于德国。并联机组是指多台等容或不等容制冷压缩机进行连接，公用吸气管路、排气管路、储液器、油分离器等部件，由一个集中控制器对整个压缩机组进行全自动控制，实现多台压缩机集成的机组拖动若干制冷末端。

根据冷间温度要求和制冷量的不同，并联机组的形式可多种多样：同一套机组可以由同一型号的压缩机组成，也可以由不同型号的压缩机组成；可以由同种型式的压缩机组成，也可以由不同型式的压缩机组成；既可以负载一个单一的蒸发温度，也可以负载多个不同的蒸发温度；既可以是单级系统，又可以是双级系统；既可以是单循环系统，又可以是复叠式系统等。但实际使用设计时，多数采用同一形式同一型号的多台压缩机并联。

氟利昂全封闭、半封闭和螺杆式制冷并联机组外形见图7－4、图7－5和图7－6，并联机组在水果冷库上的应用见图7－7。

图7－4　氟利昂涡旋压缩机并联机组图

在设计冷库时，根据用户储存货物的需要，来判断冷库

图 7－5　氟利昂活塞式压缩机并联机组

图 7－6　氟利昂螺杆式压缩机并联机组图

制冷机组是采用单机机组还是并联机组。

图 7－7　果品冷库采用并联机组及机房

单机组常用于一库一机设置。所谓一库一机设置，即在一个冷间内配置一台独立的机组，其优点是可以单库独立运行，机组管理相对简单，基本可以无人值守，电费可以单独计量；缺点是能耗相对较高，冷间多时初投资费用相对较高，不能根据负荷变化自行调节制冷能力。单机组一库一机配置见图 7－8。

并联机组与单机机组相比，最主要的优点在于其可靠性和节能。单机机组如果出现故障，哪怕只是一个压力保护，也会出现保护停机，使冷库处于停机状态，对库内存放货物的质量造成影响。而并联机组中的某台压缩机出现故障时，其他压缩机仍可继续正常工作，不会对储存的货物造成太大的影响。并联机组可更好地匹配制冷系统的动态负荷，通过自行调节整个系统中压缩机的开停，避免了“大马拉小车”的情况，例如冬

图 7－8　制冷单机组一库一机配置

季制冷量需求少时，压缩机开启台数减少，夏季制冷量需求大时，开启台数增多，使得压缩机组的吸气压力保持恒定，大大提高了系统的效率，通常节省电耗约 15%。在美国、欧洲等发达国家和地区，并联机组制冷技术已经成为商用制冷市场的主流产品。目前我国的大中型冷库、低温物流配送中心和超级购物中心，并联机组设计与应用也比较普及。

并联机组的关键技术是各并联压缩机均能顺利而均衡回油，以保证各压缩机的正常润滑和工作，为此采用 3 台以上压缩机并联时则应采用油位控制器，并根据压缩机的类型不同，采用不同的回油方案。有研究指出，涡旋并联机组和螺杆并联机组适宜采用高压回油方案，活塞式并联机组适合采用低压回油方案。

并联机组的高压回油方案见示意图 7－9。由图可见，压

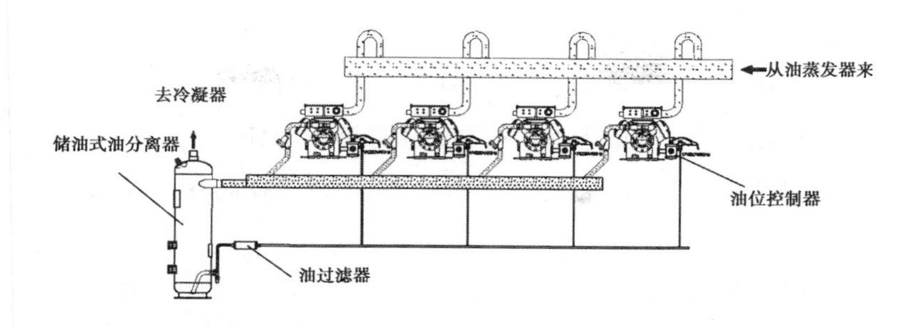

图 7－9　并联机组高压回油管路示意图

缩机的吸气管均接在吸气汇管上的上部。这是因为吸气汇管水平度和路径长度可能造成的差异，如果压缩机的吸气管接到汇管下部，将使回油不均。因此需要应采用图 7－10 所示方法连接，以气流的速度将吸气汇管底部的存油带回压缩机。

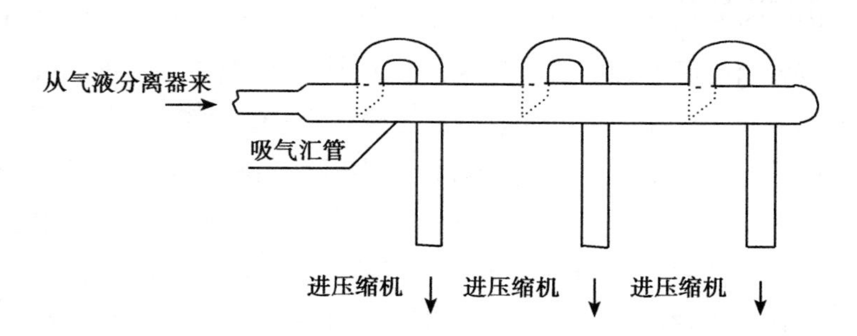

图 7－10　并联机组回气管和吸气汇管的连接

一般来讲，储存货物量较大的冷库（500t 以上），就可以考虑设计成并联机组。热负荷变化较大且所需温度要求严格的用户来说，并联机组是个很好的节能选择。

●3. 采用自动化控制●

凡冷库自动控制均由制冷和电气两部分组成，其中可编程逻辑控制器（PLC）和各类传感器起核心作用。控制系统通常包括3个层面：管理监控层、控制层和设备层（典型的三层网络结构。）

（1）管理监控层。管理监控层的上位计算机系统通过通讯网络与控制层PLC相联，采集冷库各工艺过程的工艺参数，电气参数及主要设备的运行状态信息，并对现场数据进行分析、处理、贮存，对各类工艺参数作出趋势曲线，操作员通过简单的鼠标键盘操作可进行系统功能组态，在线修改和设置控制参数，给控制级可编程控制器下达指令。操作界面可直观显示整个系统动态流程图，并放大显示各工段工艺流程图，带有动态参数显示、趋势曲线显示、报警显示等，并可按要求打印有关即时参数及历史运转参数。通过本系统可达到对整个冷库进行综合监控、管理、分析的功能。

（2）控制层：采用PLC能够实时采集整个冷库中各设备的运行工况及各项工艺运行参数，完成制冷及相应循环水系统自动控制（制冷压缩机自动开停、氨泵回路、冷风机控制回路、冷却塔回路、水泵回路等），而且能够合理解决和协调运行中各工艺单元之间的优化配合，自控系统还有先进的自诊断功能和判别能力，使整个冷库系统能够正常、稳定、安全、高效、低耗运行，减少了操作和维护工作量，提高经济效益。

（3）设备层。设备级可采用多台PLC控制多台设备，发挥分布式控制的优点，各PLC间不会相互影响，保证设备可靠稳定运行。

自动化控制既可保持设备的正常运行和操作人员的安全，又易实现最佳工况条件运行。如蒸发器的自动融霜、压缩机的自动启停和能量调节、辅助设备的自动调节等，使制冷量与冷间热负荷相匹配。其他条件相同时，实现自动控制比手动控制节能 10% ~15% 。

图 7 –11 为某中型冷库机房控制间计算机智能自动化控制系统的界面图，图 7 –12 为某实验冷库温度管理界面图。

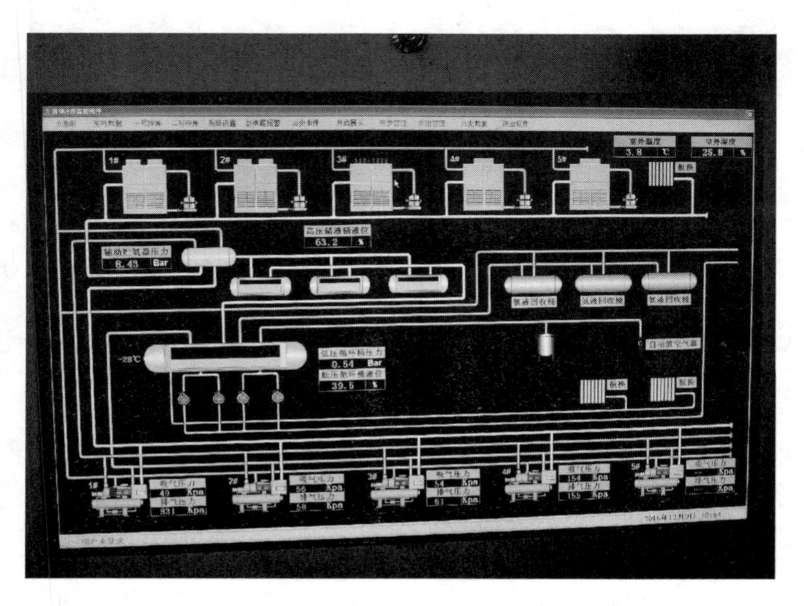

图 7 –11　某中型冷库制冷系统计算机智能控制系统界面

图 7－12　某实验冷库制冷系统计算机智能控制系统界面

(三)管理及运行节能

1. 合理利用库房，淡季及时并库

冷藏间的耗电量是按冷藏间耗冷量的多少来计算的，通常包括两部分：一是货物冷却和冷藏时的耗冷量；二是冷藏间本身（即围护结构）及操作管理的耗冷量。节约用电的关键在于冷藏间的利用率，利用率低的冷藏间耗冷多，耗电也就多。在实际操作中，由于所配备的电动机功率是按该机制冷能力选定的，也就是库房的耗冷量通常小于制冷机的制冷能力。冷库在淡季运行时，由于冷藏间存放的货物较少，是

“大马拉小车”运转。因此，在淡季时可将几个冷藏间内的货物按贮藏温度及时并库，以减少能耗。

2. 设定适宜的贮藏温度

不同果蔬种类都有其适宜的贮藏温度范围。可根据产品特性和贮藏时间设定适宜的贮藏温度，在满足产品品质要求和贮藏时间的前提下，选用较高的储藏温度以实现节能。

3. 合理提高蒸发温度

在一定的冷凝温度下，提高蒸发温度将使制冷系统的压缩比减小，功耗减小，这对节能十分有利。一般而言，冷库蒸发温度每提高 1℃，可节能 2% ~2.5%。因此，在能够满足产品制冷工艺的前提下，可通过调整供液量，尽量提高蒸发温度。

4. 保证良好的热交换效果

在实际使用管理过程中，要确保冷却水的流量，采取防垢措施，改善水质，减缓热交换器的结垢程度，保证热交换器的传热效果，降低冷凝压力（冷凝温度），以节约电能。特别是使用蒸发式冷凝器，应注意经常换水，防止因蒸发引起盐分过高而影响冷凝效果。据资料计算分析，冷凝温度在 25 ~40℃之间，每降低 1℃，可节省电能 3.2% 左右。

5. 蒸发器及时除霜

霜层的热阻一般比钢管的热阻大得多，当肋片表面霜层厚度为 1mm 左右时，换热效率下降 10% 左右。当管壁的内外温差为 10℃、库温在 -18℃时，排管蒸发器的制冷系统运行一个月后，其传热系数 K 值大约只有原来的 70%。冷风机结霜特别严重时，不但热阻增大，而且空气的流动阻力增加，严重时将无法送风，所以要适时对蒸发器的表面进行除霜处理。为确保冷风机的传热效率，又兼顾库温稳定，翅片管表面结霜厚度不宜超过4mm。

在大中型冷库的制冷系统中，一般采用热氨（氟）冲霜和水冲霜而不采用能耗高的电热融霜方式。融霜水温一般为15～20℃，不应低于10℃，不宜高于25℃。采用水融霜时建议的步骤为：开始融霜时，关闭供液电磁阀5～15min，待制冷剂完全抽回后，关闭冷风机风扇，随后开启融霜水15～45min，达到完全融霜。融霜结束后，保持滴水时间大约5min后重新打开供液电磁阀，制冷剂进入冷风机，等待5min再打开冷风机风扇，正式开始制冷。

小型氟利昂制冷系统为简化管路，多数采用电热融霜方式，但是应根据霜层融化所需的热量配置适宜的电热管或电热元件，并科学设置融霜时间和融霜间隔。实验结果表明，化霜功率并不是越大越好，在功率选择合适的情况下，消耗电能较少，大部分用来使霜化成水，库温的升高少，这样既节能、节时，又能使冷库获得良好的制冷效果。因此及时有效地除霜是保证制冷系统安全正常运转所必须，若除霜间隙时间长，冷风机已严重结霜，换热效果就会严重恶化，若融霜间隔短，在冷风机结霜量较少时就频繁除霜，不仅造成能源浪费，而且影响库内的温湿度，甚至造成安全隐患。所以，应根据经验及实际观察，科学设置融霜时间和融霜间隔非常必要。

6. 定期放油、除垢和放空气

当蒸发器盘管内有0.1mm厚的油膜时，为保持设定的温度要求，蒸发温度就要下降2.5℃，耗电量增加10%以上；当冷凝器内的水管壁结垢达1.5mm时，冷凝温度比原来温度上升2.8℃左右，耗电量增加约10%。当制冷系统中混有不凝性气体，其分压力值达到0.196MPa时，耗电量将增加约18%。由此可见，冷库制冷系统定期放油、除垢和放空气的重要性。

7. 冷库内照明系统的节能

冷库照明应在安全、科学、合理的基础上，从节能和环保的角度出发，根据冷库间的面积、高度及库房温度等综合考虑。冷库内的照明一般集中在工作区域内。应在保证操作人员安全的情况下做到及时关灯，以减少库房的热负荷及电能消耗。同时要尽量采用高效低耗耐压的照明灯具以减少灯具的更换频率。感应式LED照明系统具有环保省电、照度均匀、低温时发光效率良好及供电效率高的优势，是一种新型光源，已经在冷库照明中得到广泛应用。

二、冷库建造和使用安全问题

(一)冷库用保温材料的防火等级

冷库用保温材料的防火等级必须达到B2级以上。因此，在冷库硬质聚氨酯现场发泡料中必须添加阻燃剂。高分子材料常用的阻燃剂有添加型阻燃剂和结构型阻燃剂，其中添加型阻燃剂是目前聚氨酯发泡中应用较多的一类，如卤代单磷酸酯和磷酸阻燃剂、卤代多磷酸酯阻燃剂。冷库要求采用自熄型硬质聚氨酯泡沫塑料做保温，也就是在聚氨酯发泡时必须合理添加阻燃剂并达到要求的阻燃特性，特别是在现场发泡自行配料时必须严格按要求添加质量合格、数量适宜的阻燃剂，方可保证具有良好的阻燃性。

目前，世界一些发达国家十分重视改进硬质聚氨酯泡沫塑料的燃烧性能，研究制定了一些对燃烧性能进行测试的“标准”及“方法”。如日本根据氧指数高低将硬质聚氨酯泡沫塑料的难燃级别分为 5 级：①难燃 1 级：氧指数达 30%；②难燃 2 级：氧指数达 27% ~30%；③难燃 3 级：氧指数达 24% ~27%；④难燃 4 级：氧指数达 21% ~24%；⑤难燃 5 级：氧指数小于 21%，可见难燃 5 级实际上是完全可燃的。我国也于 1980 年就颁布了 GB2406—80 氧指数测定法，一些管理部门要求氧指数不得小于 26%，即达到难燃 3 级或以上标准。

应该特别指出的是，硬质聚氨酯泡沫塑料虽然添加了阻燃剂，提高了难燃程度，但是一旦着起火来，却增加了发烟量，放出对人体有毒害气体。冷库属于密闭场所，因硬质聚氨酯泡沫塑料燃烧而导致人员伤亡也不乏其例，主要是因有毒气体窒息毒害伤亡，特别是氰化氢、氰化苯等属于剧毒气体，对人体极其有害。所以采用硬质聚氨酯彩钢板的冷库或是现场喷涂聚氨酯的冷库，一定要做好以下防火措施。

①设计上要明确提出防火等级要求和说明，并按设计要求严格施工；②现场喷涂或多工种交叉施工时，必须严格按规范要求进行；③注意施工现场电线、电器的规范使用，严

格火源电源管理；④在喷涂的聚氨酯保温层外，增加由不燃材料构建的防护层；⑤配备灭火器材，做好灭火准备。

已经建造完毕且投入使用的采用高分子保温材料的冷库，火灾的隐患主要由电线短路、用电超负荷导致电线或电器发热、穿墙电线破损等用电引起，也有因为库内焊接、使用烟雾剂产生明火、制冷剂泄露等因素引起，所以应针对性地防范，避免存在隐患。

在国外组合式冷库建设上，墙板很多采用了聚异三聚氰酸（PIR）。与 PU 相比较，在相同的保温性能下，PIR 有更好的防火性能。

（二）氨制冷系统设计和安全使用

1. 设计资质和安装施工资质要求

从事氨制冷系统设计和安装单位，必须具备相应的设计安装资质，施工单位依据设计要求施工，并要有详细的施工组织方案和施工应急预案。特殊工种施工应持证上岗，所有压力容器必须选择具备相应压力容器设计、制造资质单位的产品，制冷管材应符合国家相关标准，相应的阀门和阀件应采用氨专用阀门和阀件。

2. 氨泄漏的主要控制危险点

氨制冷系泄漏是引起安全风险的重要原因之一，也是近年来造成人员伤亡和财产损失常见的安全事故。除了氨本身的化学特性外，冷库使用时间长、制冷设备陈旧，有的甚至带病运行；制冷系统设计安装不规范，存在安全隐患风险；

使用管理和维护没有严格按操作规范进行等，都是造成氨泄漏的直接原因。

氨泄漏危险点主要有：管路系统泄漏（包括管道、阀门、连接法兰、泵的密封等设备和部件）、储罐泄漏、制冷系统设备部件泄漏（蒸发器、压缩机和冷凝器）及自然因素（地震、雷击等）。为此，对泄漏危险的控制应做到以下几点。

（1）安全阀失效的控制。在安全防范中应经常检查安全阀的排放口是否有氨气泄漏，还要按技术要求，进行定期检验校正。安全阀超压起跳后一定要进行检验校正。

（2）冷凝器及蒸发器氨泄漏的控制。要对冷凝器和蒸发器冷却管定期检查腐蚀情况，达到一定腐蚀程度就应及时更换。

（3）压缩机冷却水系统失控的控制。压缩机水冷却器及缸盖冷却水套都有可能产生漏点，最常见的是水冷却器穿孔破裂。所以要对水冷却器及缸盖冷却水套定期检查及时更换外，在北方地区冬季，当压缩机停机后应及时将冷却系统的水排放干净。

（4）融霜管道漏氨。在融霜过程中，容易造成蒸发器等管道及阀门内前后压差增大，管内冷冻机油和氨液急速流动而对管壁产生冲击，致使管道阀门等爆裂而发生漏氨事故。

（5）满液管道爆裂漏氨。制冷系统中有可能发生满液的液体管道及容器两端阀门同时关闭，由于管道及容器周围环境的温度变化造成管道及容器内的压力产生相应变化，极容易发生爆裂跑氨事故。所以不能将可能发生满液的液体管道及容器两端阀门同时关闭。

（6）液氨储罐漏氨。液氨储罐从设计、制造到使用的各个环节，如果方法不得当，都会对应力腐蚀埋下隐患。液氨容器的应力腐蚀开裂是液氨压力容器受拉伸应力作用而发生的脆性断裂，它是最危险的腐蚀破坏形式之一。氨液压力容器的拉伸应力主要是焊接残余应力。

在我国液氨的应力腐蚀已引起高度重视。为了消除造成腐蚀的残余应力，《钢制压力容器》GB150—1998 第十章专门列出条款，凡图样署名有应力腐蚀的压力容器应进行热处理，在《钢制化工容器材料选用规定》HGJ15—1989 中根据液氨应力腐蚀的情况规定：介质为液态氨，含水量不高且有可能受空气（O_2或 CO_2）污染的场合，使用温度高于 -5℃ 的环境为液氨应力腐蚀环境，并且规定在这种环境条件下使用的低碳钢和低合金高强度钢（包括焊接接头）应符合：

①对于钢材规定的最低屈服极限 <350MPa 的低碳钢或低合金高强度钢应采取以下 3 条措施之一避免氨液应力腐蚀发生：焊接后进行热处理消除应力；控制焊接接头（包括热影响区）的硬度值 HB≤235；添加 >2% 的水作为缓释剂。②对于钢材规定的最低屈服极限≥350MPa 且 <450MPa 的低合金钢，焊接后必须进行热处理消除应力；③对于钢材规定的最低屈服极限≥450MPa 的低合金钢，焊接后必须进行热处理消除应力；焊接后必须进行热处理消除应力，并加入 >2% 的水作为缓释剂。

对投入使用前的新储罐，应彻底清除里面的空气；在充装、排料及检修等过程中，采取一定的措施避免带进任何空气，可以有效地防止应力腐蚀。对投入使用的液氨储罐，应按规定进行内外部检验并进行周期性的定期检验。

（7）其他自然因素和意外因素。自然因素比如地震等，意外因素，如物品意外撞击制冷管路和设备导致破裂引起泄漏。自然因素通常难以预测和抗拒，但是意外事故只要按规范操作、管理，做到小心、仔细和认真，可以减免。

3. 氨系统防火、防爆、防人身事故的基本要求

（1）采用氨制冷系统的机房，必须设置醒目规范的安全警示标识，氨机房和库房设置氨气浓度报警装置和事故风机，并实现联锁控制功能。

（2）氨制冷机房内不得存放冷冻机油及其他易燃易爆物品。

（3）氨贮液器液位不得高于80%。

（4）在氨气浓度较高的空间（爆炸极限15.7%～27%），禁止明火操作。

（5）紧急泄氨器应安装规范，泄氨池应保证泄氨水量的要求。

（6）氨制冷系统检修前必须对检修位置环境进行检查，并熟悉包括通风，采光，逃生路径，防护装置等。检修必须携带防氨面罩，高空操作必须系安全带，泄漏检修时必须携带有氧呼吸器及全身防化服。与电气相关设备检修必须在切断电源后进行。阀门的检修必须在确认无氨泄漏且相关管路已安全隔离后进行。除冷凝器、风机及水泵的检修以及阀门的例行保养和其他水泵及水管阀门的检修工作外，不允许制冷工单人进行检修工作。

（7）在系统未完全抽尽氨制冷剂前，严禁在相关管道或

设备进行切割或焊接工作。

（8）在火灾发生初期，应立即关闭火灾地点制冷系统的供液，并抽回系统中的存氨。当火情失控时，应立即停止制冷系统的运行，以水幕保护氨系统。

4. 氨泄漏或因周边发生火灾时常见处置方法

（1）处置人员应采取必要的个人防护措施，在处置泄漏或有关设备时，应穿着隔绝式防化服，佩戴空气呼吸器。直接接触液氨时，应穿着防寒服装。紧急时也可穿棉衣棉裤，扎紧裤袖管，并用浸湿口罩捂住口鼻。

（2）应迅速清除泄漏区的所有火源和易燃物，并加强通风。如是钢瓶泄漏，处置时应用无火花工具，尽量使泄漏口朝上，以防液化气体大量流淌。关阀和堵漏措施无效时，可考虑将钢瓶浸入水或稀酸溶液中，或转移至空旷地带洗消处理。

（3）对泄漏的液氨应使用喷淋水流驱散。处置时应尽量防止泄漏物进入水流、下水道或一些控制区。

（4）因氨泄漏液氨喷贱到人体，应立即脱去被污染的衣着，用2%硼酸液或大量流动清水彻底冲洗，并立即就医；如眼睛接触液氨，应立即提起眼睑，用大量流动清水或生理盐水彻底冲洗至少15min，并立即就医。

（5）如发生火灾时应用雾状水、开花水流、抗溶性泡沫、砂土或CO_2进行扑救，同时注意用大量的直射水流冷却容器壁。若有可能应尽快将可移动的物品转移出火场。若出现容器通风孔声音变大或容器壁变色等危险征兆，则应立即撤离。

(三)《冷库设计规范》GB50072—2010关于安全方面主要修订内容

(1) 修订的《冷库设计规范》GB50072—2010，将用氨为制冷剂的冷库，其制冷机房（以制冷机房的外墙为准）与当地主导风向的下风向居住区的隔离距离规定为不小于300m。

(2) 在规范修订的条文中，增加了对贮存氨量较集中的氨制冷机房，设计要增设漏氨检测仪表的规定。并对该仪表的安装位置、初始设定值提出了明确要求。对采用氟制冷剂的大、中型冷库，其氟制冷机房也应设置气体浓度报警装置，并对其安装位置作出了规定，以防止设备泄漏的氟制冷剂这种有害气体对操作人员的侵害。此外，本次修订还规定了在冷库厂区人员相对集中的地方，要在附近高大建筑物的顶部悬挂具有明显标志的风向标，当一旦发生制冷剂泄漏，可为人员指明安全撤离的方向。

(3) 对冷库来讲，最大的危险源就是来自制冷系统中充注的制冷剂，特别是氨制冷系统。鉴于目前国内冷库有单体越建越大的趋势，因此，《冷库设计规范》GB50072—2010 增加了对冷库一个独立的制冷系统，氨制冷工质充注量不宜超过 40 000kg 的规定。

氨制冷系统贮液器见图 7－13。

(4)《冷库设计规范》GB50072—2010，对冷库制冷机房事故通风的通风量进行了修订，参照国外标准，要求氨制冷机房最小排风量不应小于 34 000m^3/h，从而大大降低了制冷

图 7－13 氨制冷系统贮液器

机房发生制冷剂泄漏时，事故现场空间内制冷剂的浓度，为事故的扑救提供一个安全作业空间，防止次生灾害的发生。

（5）《冷库设计规范》GB50072—2010，在“消防给水与安全防护”一节中，增加了在氨制冷机房贮氨器上部增设喷水设施，一旦这部分发生氨泄漏，利用喷水设施形成的水幕，起到对危险源的屏障作用，从而保护机房现场操作人员的人身安全，为事故的扑救争取时间。

第八章 小型制冷装置常见故障分析和排除

贮藏量为100t左右的微型冷库制冷装置，是目前产地农民、专业合作组织、果蔬批发市场等常用的制冷装置。这些冷库目前多以R22为制冷工质，压缩机多数采用半封闭式或全封闭式，冷凝器为风冷或水冷，蒸发器采用冷风机或排管，温度控制和融霜控制通常可以自动控制，因此不需要一直有人值守，一般也无专业人员维护。但由于这类小型制冷装置具有量大面广、缺乏合理管理维护的特点，所以故障率较高。因此，对其合理使用维护以及常见故障的分析排除，是使用者和维修人员十分迫切需要掌握的基本知识和技术。现简要叙述如下。

一、微型冷库制冷压缩机类型的合理选用

小型氟利昂开启式制冷压缩机目前很少在冷库应用，对贮藏量50t以下的微型冷库，可选用全封闭或半封闭制冷压缩机，因为全封闭结构形式一般用于小冷量制冷场合。常见的全封闭品牌压缩机有谷轮、三洋等品牌。以谷轮品牌（Copland）的全封闭涡旋式压缩机为例，通常ZR型用于中高温（空调），ZB型用于中低温，蒸发温度范围在－15～0℃；ZF型用于低温，蒸发温度在－40～－20℃。

50t 以上的微型冷库，多采用半封闭制冷压缩机。这是因为半封闭制冷压缩机能适应较广阔的压力范围和制冷量要求，热效率较高，单位耗电量较少。与此同时，半封闭活塞式压缩机既保持了开启式压缩机易于拆卸、修理的优点，同时又取消了轴封装置，改善了密封状况，机组更加结构紧凑，噪声低，当用吸入的低温工质冷却电动机时，有利于机器的小型轻量化。常见的半封闭品牌压缩机有比泽尔、谷轮、雪鹰、雪梅和北峰等。

二、小型制冷装置正常运行的主要标志

当制冷装置启动运行后，首先应清楚制冷系统运行是否正常。下面就小型制冷装置正常运行状态和主要标志作简要介绍。

（1）制冷机启动后，压缩机应无异常杂音，全封闭压缩机相对半封闭压缩机制冷量要低，其声音更要小些；螺杆式压缩机可听到螺杆的正常咬合声，活塞式压缩机只能听见吸气阀片正常的起落声。活塞空气压缩机噪声相对较大，国家标准国定噪声不能超过 70 分贝。

（2）制冷系统管路高压排气管应有高温烫手的感觉，冷凝器后的出液管道应是微温或不冷的感觉，节流阀后应是冰冷的感觉，并有均匀结霜现象。

（3）氟利昂美优乐全封闭制冷压缩机最大允许过热度为 30℃，通常吸气温度不宜超过 15℃，最佳吸气过热度为 8℃左右。采用 NH_3 和 R22 作工质的开启式和半封闭制冷压缩机，最高排气温度分别不超过 150℃和 145℃；涡旋式制冷压缩机

表面温度低于120℃，压缩机温度正常，如超过135℃就说明已经处于严重过热状态。

（4）开启式和半封闭式制冷压缩机，汽缸壁不应有局部发热和结霜现象，表面温差不大于15～20℃。对于冷藏和低温装置，吸气管结霜位置一般至吸气口为宜。全封闭涡旋式制冷压缩机可在吸气管周围有部分结霜，但压缩机外壳结霜严重时，表明回液严重，会使润滑油的黏度增高并稀释润滑油，加速压缩机磨损和损坏。

（5）水冷式冷凝器的冷却水压力应满足0.12MPa以上。水冷式冷凝器R22系统的最高冷凝温度不得超过40℃。冷凝温度与冷凝器的类型有关，立式、卧式冷凝器的冷凝温度较冷却水的出水温度高4～6℃；蒸发式冷凝器的冷凝温度较冷却水的进水温度高5～9℃。

（6）氟利昂制冷系统的热力膨胀阀阀体结霜应均匀，但进口处不出现浓厚结霜。流体经过热力膨胀阀时能听到沉闷的微小响声。

（7）氟利昂制冷系统工作时，供液电磁阀应有微温感觉，用改锥紧靠线圈盖上的紧固螺丝时有轻微吸引力。电磁阀后至热力膨胀阀前管道不应有冰冷感觉。

（8）对设置油泵供油系统的氨制冷压缩机，油泵压力表读数应比吸气压力高0.15～0.3kg。

（9）系统运行中蒸发压力与吸气压力应近似，高压端的排气压力与冷凝压力和贮液器压力相近，差值大时就说明不正常。

（10）曲轴箱油温在任何情况下，氟利昂制冷机不超过

70℃，氨制冷机不超过65℃，最低一般不低于10℃。

（11）系统中各压力表指针应相对稳定，指示值应在适宜的范围内。

（12）单台机组启动运行后，电流和电压应平稳，并与功率相匹配。电动机额定电流的估算为："电动机功率加倍"，即"一个千瓦两安培"。

三、冷藏间降温慢或不降温的原因

制冷系统运行无表观异常，但果蔬冷藏间降温速度慢或无法降温，虽然原因很多，但主要应从以下几方面分析。

（1）冷库建造、制冷系统设计和使用方面。冷库保温隔热层设计不合理（如保温层厚度薄 、隔热夹芯板密度不够等）或年久隔热材料保温性能下降（如松散性隔热材料的沉降）；制冷机制冷量偏小或冷凝器及蒸发器面积偏小；制冷管路设计不合理；产品一次性入货量、田间热高且外界温度高；库门不严或"冷桥"跑冷严重。

（2）制冷压缩机工作，但是建立不起吸气和排气压力差。对于活塞式制冷压缩机（开启式或半封闭式），如果建立不起吸气和排气压力差，多数是因为吸气或排气阀片损坏，并伴有异常响声，比较容易判断。

但是对于涡旋式压缩机，如果建立不起吸气和排气压力差，一般是因为压缩机内浮动密封圈损坏，使高低压串气。其原因是由于制冷剂泄漏等原因，吸气压力降低（即使装了低压保护装置，也可能保护设定值偏低，低压保护并没有切断），吸气过热度增大，致使排气温度迅速升高，这时，如果未装排气温度保护器或是安装不当，会使系统存在严重的过热现象。所以，涡旋压缩机的低压保护和正确设定十分重要。

避免涡旋式制冷压缩机浮动密封圈因发生热损坏最有效的办法是正确安装排气温度保护器。排气温度保护器的温度设定一般为125～130℃，排气温度保护器的感温包一般安装在压缩机排气管上，距离排气口不超过150mm，感温包与排气管固定要牢固，并且需要严格保温，排气温度保护器的接线可以和压缩机的其他保护措施（如高压保护或低压保护）串联起来，共同形成对压缩机的保护。

涡旋式制冷压缩机涡旋盘损坏，也会建立不起吸气和排气压力差。除有上述浮动密封圈损坏的特征外，还能听到压缩机内部有明显的金属撞击声，这是涡旋盘被击碎后的金属碎片相互撞击或与压缩机壳体相撞击的声音。涡旋盘损坏一般由液击引起，主要有以下情况：①开机瞬间有大量液体进入压缩机；②蒸发器回风不畅，压缩机有回液现象。为此在系统设计上，对于制冷剂充注量比较大的制冷系统，在压缩机吸气口装置气液分离器可有效避免液态制冷剂进入压缩机。此外，应检查电磁阀是否出现关闭不严的故障。当冷风机电极停转、翅片表面脏堵、刨冰或附着油污时，会导致换热热阻增大，造成回液发生，应予以重视。

（3）制冷系统调节不合理。对于氟利昂或氨制冷系统，节流阀开启度过小或过大都会影响降温速度，甚至使系统不能运行或发生故障。

①当节流阀开启度过大时，就失去节流能力，进入蒸发器内的制冷剂量过多，导致蒸发压力升高，因而蒸发温度也随之

升高，冷间的温度就难以降下来，当然节流阀开启度过大时，也会伴随“液击”等其他不正常现象出现。这时应及时适当关小节流阀的开启度。非专业人员或初接触制冷的人员有时不太理解，认为节流阀开启度越大，温度越容易降下来，这是误解；②当节流阀未开启、开启度过小或堵塞时，温度也降不下来。节流阀未开启不能供液，蒸发器内无制冷剂当然不能蒸发降温；开启度过小导致供液量与蒸发量失调，回气过热度高，降低制冷效率；节流阀完全堵塞与节流阀未开启导致的结果一样，节流阀不同程度堵塞与开启度过小导致的情况相近。

氟利昂制冷系统热力膨胀阀堵塞主要有 3 种原因：冰堵（在氟利昂制冷系统中由于制冷剂中残存的水分在热力膨胀阀处结冰而导致的堵塞）、脏堵（氟利昂制冷系统和氨系统都可发生，由于油污和脏污造成堵塞）和油堵（错误使用润滑油所致）。

（4）制冷剂充注量不适宜或制冷剂泄漏。制冷系统中制冷剂充注量不适宜（过多或不足）或制冷剂泄漏，是小型制冷装置常见的故障。

①系统内的制冷剂充注量过多或过少。如果制冷剂充注严重过量（极少数情况），多到使冷凝器几乎被液体灌满，这种情况下，一启动制冷机排气压力就急剧升高，有关保护器随即动作而停车。

多数情况是虽然制冷剂注入偏多，吸气和排气压力偏高，但制冷机还能正常运转，但因吸气压力较高，对应的蒸发温度较高，从而影响冷间的降温速度或根本降不下来。因此，经验不足加注制冷剂时可采用称重的方式加入更加稳妥。

②制冷剂充注量不足或部分泄漏。制冷剂充注量不足或部分泄漏引起的反常现象是吸、排气压力都低，但排气温度较高，热力膨胀阀处可听到断续的“吱吱”声，且响声比平时大，手摸热力膨胀阀出口处断续冰冷，若调大膨胀阀，吸气压力仍无上升，停车后系统的平衡压力通常低于环境温度所对应的饱和压力。此时应在观察吸排气压力的前提下，补充一定量的制冷剂。

初次充注制冷剂时，应对真冷系统抽真空；制冷剂泄漏补加时，应用制冷剂将充注连接管内的空气吹掉。

（5）蒸发器结霜积油或面积太小。①冷间内的蒸发器面积太小，或者是压缩机制冷量配置太小。当冷间内蒸发面积配置不够或热负荷过大时，果蔬的田间热和呼吸热不能及时通过蒸发器传给制冷剂，冷间温度就降得缓慢或降不下来，这时应增加蒸发排管的面积或更换蒸发面积较大的冷风机器。当压缩机的制冷能力显著小于冷间内冷却设备的传热能力时，就无法将蒸发器中的蒸汽及时吸走，蒸发压力便会升高，从而使蒸发温度升高，这时应加开压缩机的台数或通过其他措施增加制冷量；②蒸发器表面严重结霜或蒸发管道内严重积油。蒸发器表面结霜容易发现，只要及时观察和适时融霜，严重结霜问题容易避免。如何判断蒸发管内存留有较多的冷冻机油而影响制冷则比较困难。一般判断的方式是：蒸发盘管上结的霜层稀稀拉拉不完全，并且呈浮霜，可能就是蒸发管中存留的冷冻机油太多。如加注润滑油后不久，油镜中又显示缺油，表明润滑油随制冷剂排出压缩机的量大于返回压缩机的量，导致压缩机缺油。这种情况是系统设计的问题，应重新改进系统的回油设计。

四、小型氟利昂制冷装置常见简单故障排除

只要对制冷原理有一定的了解，对电器知识基本熟悉，又善于总结和摸索小型制冷装置的使用和维护者，在咨询故障确认故障原因后，可根据具体情况，对简单故障进行有效的排除。

（一）高低压保护造成设备停止运行

小型氟利昂制冷装置均装置有高低压保护，系统运行高压压力超过设定值时，高压保护器断开，设备停止运行；系统运行低压压力低于设定值时，低压保护器断开，设备停止运行。高低压保护器的两个管接头分别于高压排气和低压吸气管相连，控制线串联在控制压缩机的交流接触器线圈上。以 KP 型压力控制器使用较为普遍。

高压保护现象原因大致有 3 方面，应区别对待处理。

（1）高压保护设定值偏低。制冷系统安装完毕后，因高压保护设定值偏低，当运行负荷增加但在允许的高压范围内工作时，高压保护器出现保护。处理方法是将高压保护设定值调整至正常工作允许的最高设定值。对采用 R22 为制冷工质的风冷压缩机组，正常工作条件下，高压保护设定值的设定通常不大于 1. 9MPa。

（2）高压保护设定值已经为上限，但是仍出现高压保护。这种情况必须找出造成系统压力升高的原因。比如，水冷式

冷凝器缺水、断水或进水温度过高；风冷式冷凝器吹风口排风不畅、结尘严重或冷凝器风机故障；夏季中午异常高温且库内热负荷大，不凝性气体大量进入系统，等等，应根据实际情况对症解决后，方可启动制冷机。

氟利昂制冷系统一般不设空气分离器。当系统的压力明显高于正常的冷凝压力，且高压压力表指针摆动剧烈时，说明系统内有空气。

系统放空气的操作步骤为：①关闭贮液器或冷凝器的出液阀；②起动压缩机，将蒸发器内的制冷剂收入冷凝器或储液器；③待低压系统压力降至稳定的真空状态后停机；④ 旋松排气截止阀的旁通孔螺塞，顺旋（旋半圈左右）排气阀杆使阀成三通状，让高压气体就从旁通孔中逸出。用手掌挡着排出气流，当手感觉有凉气且手上有油迹时，说明空气已基本排完，应拧紧螺塞，反旋排气阀杆，关死旁通孔。

排空气时的注意事项是：每次放气时间不宜过长，可连续进行 2 ~ 3 次，以免制冷剂的浪费；如冷凝器或储液器的顶部装有备用截止阀，也可直接从该阀门放出空气。

（3）压缩机高压排气阀没完全开启。此种情况较少，但是也偶有发生，这是操作错误，一定要避免。

低压压力保护主要由冰堵、脏堵、油堵、缺氟等原因造成，应具体分析原因并对应解决。采用全封闭涡旋压缩机的氟利昂制冷系统，低压保护尤为重要，因为压力过低会导致排气温度升高，造成压缩机损坏。

为此，在涡旋压缩机上一般已经设置了电机保护模块，能有效保护电机免受高温及高电流损坏，必须按电器要求正确连接，使保护模块发挥作用；如果涡旋压缩机上没有保护模块，不能保证压缩机排气温度在限定要求范围之内（不高于126℃），应在排气管出口处安装温度控制器，温度控制传感器应安装在距离截止阀接头约130mm的排气管上，紧贴排气管表面，当排气温度高于设定值时，也会使压缩机断开回路停止运行。此时一定要检查是否缺氟等原因造成回气严重过热，切不可调高保护温度，否则将造成压缩机密封圈损坏而报废。

(二)电磁阀故障造成系统运行异常

电磁阀出现故障主要表现在以下几方面，应区别对待处理。

（1）电磁阀关闭不严。电磁阀关闭不严是一种常见多发故障，关闭不严的后果是制冷设备停止运行时，高压侧的制冷剂液体仍会串入低压侧，当压缩机再次启动运行时，可能造成压缩机“液击”故障，使压缩机受损。

造成电磁阀关闭不严的原因可能是杂物堵塞、电磁阀密封件破损、阀座和阀杆磨损或拉毛，等等。针对性的排除方法是清洗、更换部分磨损或损坏件，必要时整体更换。

（2）电磁阀不工作。电磁阀不工作压缩机仍然可以运行，但是制冷剂被阻滞在电磁阀前的高压部分，不能正常循环，因此不能正常制冷，并造成低压压力降低，形成低压保护停机。电磁阀不工作可能原因有电磁阀线圈烧毁、电磁阀的电源断路、电磁阀阀芯卡死，等等，应根据具体情况分别处理。电磁阀的电源断路时，故障容易识别，用改锥在电磁阀线圈顶端可发现没有电磁吸附的感觉。如线圈烧毁可单独更换相同规格和型号的线圈，但电磁阀自身故障不能工作，多数情况下应更换新的电磁阀。更换新电磁阀最好选用品牌电磁阀，并使电磁阀上的箭头方向与制冷剂流动方向一致。

（3）电磁阀时通时断。电磁阀时通时断表现出阀内常发出“哒哒”噪声，可能的原因有：电源电压低于电磁阀额定值、电源接线松动或其他因电源供电不正常、电磁阀进出口压力差超过开阀能力、电磁阀线圈紧固螺丝松动等。处理方法是找出电源问题或其他相关问题，并逐项解决。

(三)热力膨胀阀故障造成系统运行异常

（1）热力膨胀阀开启度不适宜。在确认系统内制冷剂数量适宜的情况下，通过观察蒸发压力（观察吸气压力表压力）以确定膨胀阀适宜开启度。调整开启度时应耐心细致，调节螺杆旋转的圈数一次不宜过多过快，边调整边观察，直至蒸发压力达到适宜压力（一般调节螺杆转动一圈，过热度变化1～2℃）。

（2）热力膨胀阀感温包内感温剂泄漏。感温剂泄漏通常由毛细管与阀的连接处开裂或毛细管折断、感温包破裂等引起，感温包与回气管脱离也会导致供液异常。感温剂泄漏后，热力膨胀阀调节失灵，这时膨胀阀的开启度达不到正常的制冷工况，应更换新的热力膨胀阀。感温包与回气管脱离时，可重新复位绑好。

（3）热力膨胀阀处由于冰堵、脏堵等导致供液异常。冰堵一般发生在膨胀阀的节流孔处，因为这里是整个系统中温度低、孔径最小的地方。冰堵后系统整体温度回升，随着温度的提高，冰堵处会逐渐融化，而后系统又恢复制冷能力，随着系统整体温度的再次降低又会出现冰堵现象，所以冰堵是一个反复过程。

排除冰堵的方法通常是更换干燥过滤器中的干燥剂，制冷系统中水分残留多时，需要更换几次干燥剂才会解除故障。制冷系统中干燥过滤器中使用的干燥剂为 XH 系列干燥冷剂，其中 XH－5 分子筛主要用于 R22 制冷剂的干燥和净化；XH－7 分子筛适用于冰箱、冰柜、空调用新型制冷剂 R－134a 及丁烷等制冷剂的脱水干燥；XH－9 分子筛适用于车船等用空调及冰箱冰柜等新型制冷剂的脱水干燥，是一种通用型的制冷剂用干燥剂。

热力膨胀阀处脏堵会导致供液异常，可在关闭相关阀门的前提下，卸下热力膨胀阀，取出过滤网进行清洗，然后重新装好，故障即可解除。

(四)温度控制器常见故障处理及参数调整

目前果蔬贮藏冷库常用温度控制器之一为小精灵温控器(DIXELL XR40C)，它是适用于中低温制冷系统的微电脑控制器。其尺寸规格为 32mm × 74mm，两支 PTC（或 NTC）传感器输入，两路继电器输出控制压缩机及蒸发器的电热除霜，可满足一般果蔬保鲜冷库的需要。

（1）温度控制器设置的环境温度。按照说明书要求，该系列的温度控制器工作环境温度要求为0～60℃，即温度控制器安装在该温度区段环境下，其性能可以保证；如果超出该区段，特别是冬季温度低于0℃的地区安装在室外，并非温控器不能工作，而是控温精度变差，设定的控温范围可能发生漂移。

（2）正确连接接线。安装时接线运行均正确，但是经过一段时间使用后，接线松动或脱落，导致制冷系统不能正常运行。处理的前提是必须能够读懂温控器上的接线图，明白符号的含义后方可正确恢复连接。图8－1是DIXELL XR40C（意大利原装）温控仪的接线图标签。

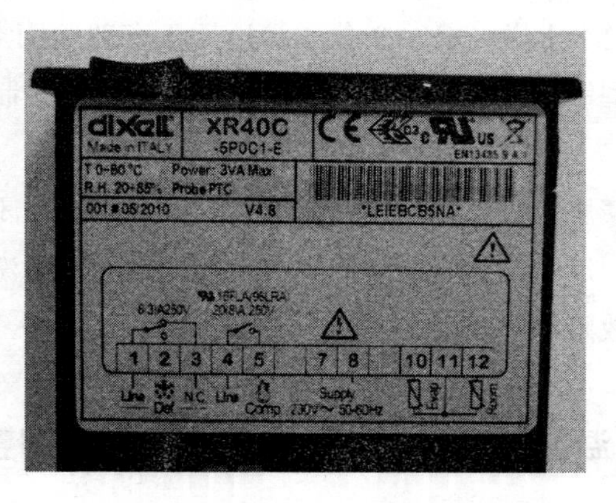

图8－1　意大利原装小精灵温控器（DIXELL XR40C）接线图标签

图8－1中交流电源线的接头是7和8，英文表示为Supply，是交流电源的唯一接线口，一定要认准Supply符号和数字上三角形危险标识；控制压缩机交流接触器线圈回路的触点输出为4和5，英文表示为Line和Comp.；控制融霜电热管

交流接触器线圈回路的触点输出为 1 和 2，英文表示为 Line 和雪花符号；库内温度传感器（PTC）的两根线，其中一根接 12（英文表示为 Room），另一根接 11；蒸发器件温度传感器的两根线其中一根接 10（英文表示为 Evap）另一根接 11，是用作控制融霜时最高温度上限的。

其他不同型号和品牌的温控器（如 XR04CX、XR06CX 等），各线连接序号不一定相同，但是英文表示的意义通常是一致的，必须以英文表示为准。

（3）选择正确的传感器类型并科学选择安装位置。目前冷库内所用温度传感器多用 PT100 热电阻温度传感器，选择传感器时应尽量选择与接线标签图上所标注的传感器类型。如温控器出现 P1、P2 报警，一是探头类型选择不正确，可通过设定参数（探头类型选择），转换一下传感器类型，如果仍然报警则表明传感器接线不良或损坏。

库温探头和蒸发器探头的头部应朝上固定，以避免水渗透进入头部的球头内部而造成探头损坏。建议库温探头放置在气流平缓且有代表性的位置，以便正确测量库内温度平均值。

（4）融霜参数设定与调整。由于季节、贮藏产品的种类和数量、入库初期和温度稳定期，库内蒸发期的结霜快慢有较大差异，所以一般不要改变出厂时已经设定的最大融霜持续时间（通常为 30min），根据实际观察和经验及时调整融霜期间隔。

不少果蔬冷库内的蒸发器探头（融霜终止探头）安装不规范，正确的安装方式应该是将探头放置并固定在蒸发器翅片间温度最低、结霜最多且远离加热管（或融霜时最热）的位置，以避免过早地退出融霜程序，导致霜不能融化干净。融霜终止温度推荐值一般为8℃

（五）接触器热保护断开或空气开关跳闸

接触器热保护断开或跳闸说明电路电流超过保护设置值或漏电保护。热保护器断开有两种可能情况，一是热保护器事先设置的保护电流值偏低，可根据电机功率或铭牌上的最大消耗功率，概算出电流值。制冷压缩机通常采用380V、功率因数在0.8左右的三相异步电动机，估算方法是：电动机额定电流为“电动机功率加倍”，即“一个千瓦两安培”。按估算值稍加余量调整好电流设定值，并按复位开关按钮进行复位；二是设置正常，但仍然保护，如果属于此种情况，必须查明运行电流超保护的原因（如电压缺相、接线松动、系统运行参数异常等），并进行处理。只有找出超电流的原因后，才可复位正常运行。

线路绝缘电阻不够（比如冷风机接线处、融霜电热元件接线头处漏电），也会使安装漏电保护的空气开关断开，应认真查找并彻底处理解决。

小型制冷装置常用的电源控制元器件有交流接触器、热继电器、温度控制器等，并常由上述电器件组合成制冷电器控制箱。

交流接触器是一个线圈通电和断电后可以自动吸合和跳开的开关，即将电磁铁和刀闸开关的作用结合起来的自动接通和断开电路的装置，由温度控制器的信号控制线圈的通电和断电。选用交流接触器时，主要考虑接触器触头的额定电压和额定电流都应等于或大于被控制电路的额定电压和额定电流。

热继电器是一个保护器件，串联在交流接触器的线圈回路中。热继电器与交流接触器可以联为一体，也可以分开接线连接。通过调节电流调整旋钮，从而调整热继电器的整定电流，一般调节整定电流与电动机的额定电流相一致。当过载电流超过整定电流的1.2～1.6倍时，热继电器断开，交流接触器断开，压缩机停止运行。

交流接触器、热继电器及控制电路接线示意图见图8－2、图8－3和图8－4。

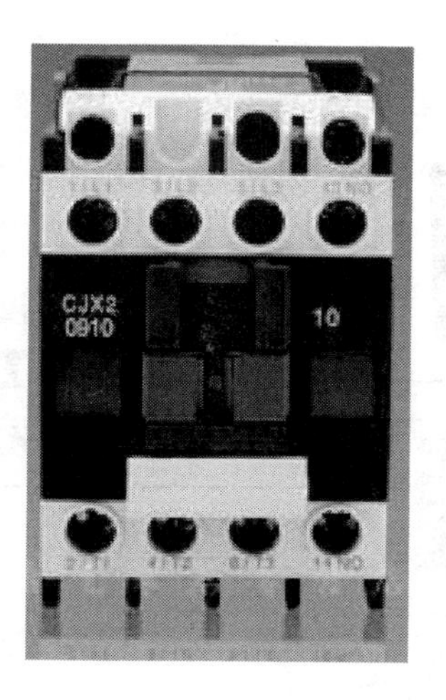

图8－2　交流接触器

图 8－3　热继电器

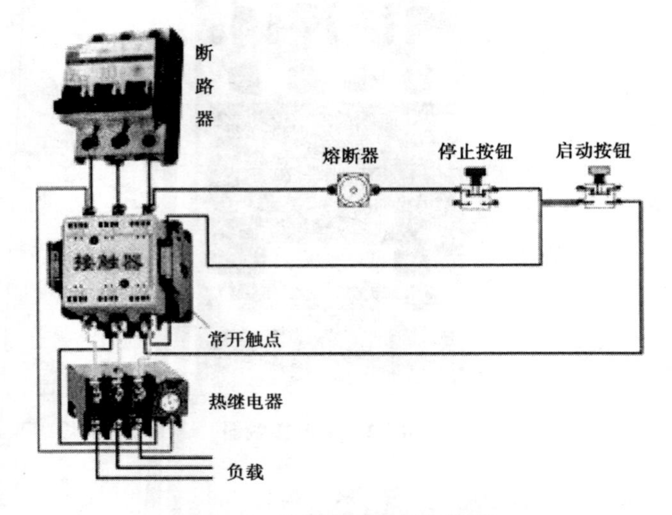

图 8－4　控制电路接线示意图

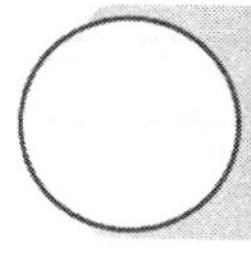

附录

本部分收集整理了果蔬贮藏设施建造、使用与维护、主要果蔬参考贮藏参数等部分相关数据和资料，以附表的形式列出，共32个附表，以便读者查阅参照。

附表1　制冷主要单位换算表

度量名称	国际单位	迄今使用单位	迄今使用单位	国际单位
压力	1Pa =1N/m^2	0.10197kgf/cm^2	1 kgf/cm^2	9.80665Pa
压力	1bar = 0.1MPa	1.0197kgf/cm^2	1 kgf/cm^2	0.980665bar
压力	1bar	750.06mmHg	1 mmHg	133.332N/m^2
压力	1bar	10.197mWS	1mWS	0.0980665 bar
压力	1bar	0.9869atm	1 atm	1.0133bar
压力	1bar	14.5038lb/in^2	1lb/in^2	0.0689476 bar
导热系数	1 W（m·K）	0.85985kcal/（m·h·℃）	1kcal/m·h·℃	1.163 W（m·K）
传热系数	1 W（m^2·K）	0.85985kcal/（m^2·h·℃）	1kcal/m^2·h·℃	1.163 W（m^2·K）
功率	kW	860kcal/h	1 kcal/h	1.163×10^{-3} kW
功率	kW	1.36HP	1 HP	0.7355 kW

注：HP 指公制马力

附表 2 冷库冷藏间容积利用系数表

(根据冷库设计规范 GB50072—2010)

公称容积（m^3）	利用系数
500 ~ 1 000	≥0.40
1 001 ~ 2 000	≥0.50
2 001 ~ 10 000	≥0.55
10 001 ~ 15 000	≥0.60
>15 000	≥0.62

注：1. 对于仅贮藏冻结食品或冷却食品的冷库，表内公称容积为全部冷藏间公称容积之和；对于同时贮藏冻结食品和冷却食品的冷库，表内公称容积分别为冻结食品冷藏间或冷却食品冷藏间各自的公称容积之和；

2. 蔬菜冷库的容积利用系数应将上述数值乘以 0.8 的修正系数确定

附表 3 贮藏块冰冰库的容积利用系数

(根据冷库设计规范 GB50072—2010)

冰库净高（m）体积	利用系数
≥4.20	0.40
4.21 ~ 5.00	0.50
5.01 ~ 6.00	0.60
> 6.00	0.65

附表 4 冷库贮藏食品计算密度表

(根据冷库设计规范 GB50072—2010)

序号	食品类别	计算密度（kg/m^3）
1	冻肉	400
2	冻分割肉	600
3	冻鱼	470

（续表）

序号	食品类别	计算密度（kg/m³）
4	篓装和箱装鲜蛋	260
5	鲜蔬菜	230
6	篓装和箱装鲜水果	350
7	冰蛋	700
8	机制冰	750

注：同一冷库如同时存放猪、牛、羊肉和禽兔肉时，其密度均按400kg/m³确定；当只存冻羊腔时，密度按250kg/m³确定；只存冻牛肉和羊肉时密度按330kg/m³确定

附表5 现浇碎石混凝土配合比表（单位：m³）

编号		1	2	3	4	5
项目		C15	C20	C25	C30	C35
		碎石粒径＜16mm				
材料	单位	数量	数量	数量	数量	数量
32.5Mp水泥	t	0.307	0.400	0.460	0.530	—
42.5Mp水泥	t	—	—	—	—	0.460
中砂	m³	0.511	0.411	0.362	0.348	0.362
＜16mm石子	m³	0.830	0.870	0.879	0.845	0.879
水	m³	0.220	0.220	0.220	0.220	0.220
编号		6	7	8	9	10
项目		C40	C45	C15	C20	C25
		碎石粒径＜16mm		碎石粒径＜20mm		
材料	单位	数量	数量	数量	数量	数量
32.5Mp水泥	t	—	—	0.286	0.372	0.428
42.5Mp水泥	t	0.530	—	—	—	—
52.5Mp水泥	t	—	0.472	—	—	—

（续表）

编号		6	7	8	9	10
项目		C40	C45	C15	C20	C25
		碎石粒径<16mm		碎石粒径<20mm		
材料	单位	数量	数量	数量	数量	数量
中砂	m^3	0.348	0.360	0.507	0.409	0.359
<16mm 石子	m^3	0.845	0.873	—	—	—
<20mm 石子	m^3	—	—	0.860	0.903	0.914
水	m^3	0.220	0.220	0.220	0.220	0.220

编号		11	12	13	14	
项目		C30	C35	C40	C45	
		碎石粒径<20mm				
材料	单位	数量	数量	数量	数量	数量
32.5Mp 水泥	t	0.493	—	—	—	—
42.5Mp 水泥	t	—	0.428	0.493	—	—
52.5Mp 水泥	t	—	—	—	0.437	
中砂	m^3	0.346	0.359	0.346	0.370	
<20mm 石子	m^3	0.883	0.914	0.883	0.897	
水	m^3	0.220	0.220	0.220	0.220	

编号		15	16	17	18	19
项目		C15	C20	C25	C30	C35
		碎石粒径<31.5mm				
材料	单位	数量	数量	数量	数量	数量
32.5Mp 水泥	t	0.271	0.352	0.406	0.467	—
42.5Mp 水泥	t	—	—	—	—	0.406
中砂	m^3	0.499	0.402	0.353	0.342	0.353
<31.5mm 石子	m^3	0.884	0.930	0.943	0.913	0.943
水	m^3	0.220	0.220	0.220	0.220	0.220

（续表）

编号		20	21	22	23	24
项目		C40	C45	C50	C55	C60
		碎石粒径<31.5mm				
材料	单位	数量	数量	数量	数量	数量
42.5Mp水泥	t	0.467	—	—	—	—
52.5Mp水泥	t		0.415	0.456	—	—
62.5Mp水泥	t	—	—	—	0.415	0.444
中砂	m^3	0.342	0.351	0.344	0.351	0.346
<31.5mm石子	m^3	0.913	0.939	0.919	0.939	0.924
水	m^3	0.190	0.190	0.190	0.190	0.190

编号		25	26	27	28	29
项目		C15	C20	C25	C30	C35
		碎石粒径<40mm				
材料	单位	数量	数量	数量	数量	数量
32.5Mp水泥	t	0.260	0.333	0.384	0.442	—
42.5Mp水泥	t	—	—	—	—	0.384
中砂	m^3	0.491	0.394	0.346	0.336	0.346
<40mm石子	m^3	0.909	0.958	0.973	0.943	0.973
水	m^3	0.180	0.180	0.180	0.180	0.180

编号		30	31	32	33	34
项目		C40	C45	C50	C55	C60
		碎石粒径<40mm				
材料	单位	数量	数量	数量	数量	数量
42.5Mp水泥	t	0.442	—	—	—	—
52.5Mp水泥	t	—	0.393	0.431	—	—
62.5Mp水泥	t	—	—	—	0.393	0.421
中砂	m^3	0.336	0.344	0.338	0.344	0.340
<40mm石子	m^3	0.943	0.969	0.949	0.969	0.954
水	m^3	0.180	0.180	0.180	0.180	0.180

附表 6　常用砌筑砂浆配比表

编号		1	2	3	4	5	6
项目		混合砂浆					
		M1.0	M2.5	M5.0	M7.5	M10	M15
材料	单位	数量	数量	数量	数量	数量	数量
32.5Mp 水泥	t	0.158	0.176	0.204	0.232	0.261	0.317
石灰	m^3	0.075	0.067	0.055	0.042	0.030	0.005
中砂	m^3	1.015	1.015	1.015	1.015	1.015	1.015
水	m^3	0.40	0.40	0.40	0.40	0.40	0.40

编号		7	8	9	10	11	12
项目		水泥砂浆					
		M5.0	M7.5	MI0	M15	M20	
材料	单位	数量	数量	数量	数量	数量	
32.5Mp 水泥	t	0.216	0.246	0.271	0.330	0.390	
中砂	m^3	1.015	1.015	1.015	1.015	1.015	
水	m^3	0.292	0.292	0.292	0.292	0.292	

附表 7　常用建材容重参考表

名称	容重（kg/m^3）	名称	容重（kg/m^3）
细砂	1 450	钢筋混凝土	2 400 ~ 2 500
粗中砂	1 550	钢材、碳钢	7 850
黏土砖	1 700	锌铝合金	6 300 ~ 6 900
碎石	1 400	平板玻璃	2 500
砌砖	1 900 ~ 2 300	有机玻璃	1 180 ~ 1 190
矿渣水泥	1 450	木材	400 ~ 750
水泥砂浆	2 000	稻壳	135 ~ 160
混合砂浆	1 700	石棉板	100 ~ 130
素混凝土	2 200 ~ 2 400	石油沥青	1 000 ~ 1 100
泡沫混凝土	400 ~ 600		

附表8 常用的几种泡沫塑料保温材料的容重及导热系数

材料名称和缩写	容重范围（kg/m³）	导热系数（W/m·K）
硬质聚氨酯泡沫塑料（RPUF）	30～45	0.018～0.023
模塑型聚苯乙烯泡沫塑料（EPS）	16～35	0.035～0.046
聚氯乙烯泡沫塑料（PVC）	30～70	0.022～0.035
聚苯乙烯挤塑板（XPS）	30～38	0.025～0.033

附表9 组合式高温库选用聚氨酯隔热夹芯板主要性能参考表

项目名称	密度（kg/m³）	导热系数（w/m·℃）	抗压强度（MPa）	彩钢钢板厚度（mm）	保温板厚度（mm）	阻燃等级
性能指标	≥40	0.021～0.024	0.2	≥0.476	墙板100～150 顶板150	B2

附表10 氨制冷系统管道及设备的色漆标志

设备名称	色漆标志和代码	设备名称	色漆标志和代码
高低压液体管	淡黄（Y06）	氨液分离器、低压循环贮液器	天酞蓝（PB09）
制冷吸气管	天酞蓝（PB09）	中间冷却器、排液桶、低压桶	天酞蓝（PB09）
高压气体管、安全管	大红（R03）	安全管	大红（R03）
均压管	大红（R03）	集油器	黄（YR02）
放油管	黄（YR02）	水管	湖绿（GB02）
油分离器	大红（R03）	压缩机及机组、空气冷却器	按出厂涂色
冷凝器	银灰（B04）	各种阀体	黑色
贮液器	淡黄（Y06）	截止阀手轮	淡黄（Y06）
节流阀手轮	大红（R03）	放空气管	乳白（Y11）

附表 11　NH_3 和 R22 作工质单级制冷压缩机的限定使用条件

工作条件	制冷工质	
	NH_3	R22
蒸发温度 t_0（℃）	5 ~ -30	-5 ~ -40
冷凝温度 t_k（℃）	≤40	≤40
压缩比 $\frac{p_k}{p_0}$	≤8	≤10
压力差 $P_1 - P_0$（MPa）	≤1.37	≤1.37
吸气温度（℃）	蒸发温度 +（5 ~ 8）	<15
排气温度（℃）	≤150	≤150
安全阀开启压力（MPa）	1.76	1.76
油压高于曲轴压力（MPa）	0.15 ~ 0.29	0.15 ~ 0.29
油温（℃）	≤70	≤70

附表 12　氨制冷系统管道安装坡度参照表

管道名称	坡度方向	坡度参考值（%）
氨压缩机排气管至油分离器的水平管段	向油分离器	0.3 ~ 0.5
与安装在室外冷凝器相连接的排气管	向冷凝器	0.3 ~ 0.5
冷凝器至贮液器的出液管其水平管段	向贮液器	0.5 ~ 0.1
压缩机吸气管的水平管段	向氨液分离器或低压循环桶	0.1 ~ 0.3
液体分配站至蒸发器（排管）的供液管水平管段	向蒸发器（排管）	0.1 ~ 0.3
蒸发器（排管）至气体分配站的回气管水平管段	向蒸发器（排管）	0.1 ~ 0.3

附表 13　NH_3、R22 在管路中的流速和允许压力降

管路名称	制冷剂	流速（m/s）	允许压力降（kPa）
吸入管 $t_0 = 10 \sim -30℃$ $t_0 < -30℃$	R22	8 ~ 15	19.62 ~ 6.87 < 6.87
	NH_3	10 ~ 20	19.62 ~ 4.91 < 4.91
排气管	R22 NH_3	10 ~ 18 12 ~ 25	13.73 ~ 27.47
冷凝器到贮液器的液体管	NH_3	0.5 ~ 1.0	
贮液器到调节阀的液体管	R22	0.5 ~ 1.25	不允许有汽体
	NH_3		
膨胀阀至蒸发器的液体管	NH_3	0.8 ~ 1.4	

附表 14　NH3、R22 制冷系统打压试漏指标

试验内容	压力指标（MPa，表压）	备注
高压侧打压试漏	1.8	系统无泄漏为合格
低压侧打压试漏	1.2	系统无泄漏为合格
抽真空试漏	氨系统内剩余压力为 40mmHg	保持 24h，压力无变化为合格
	氟系统内剩余压力为 10mmHg	保持 24h，压力无变化为合格
充氨试漏	0.2	系统无泄漏为合格

注：严禁使用制冷压缩机对系统进行气压试验

附表 15　氨制冷系统设计和使用中的一些技术参数

序号	技术环节	参照参数
1	氨泵供液再循环倍率	①负荷较稳定、蒸发器组数较少、不易积油蒸发器的下进上出供液系统，采用 3 ~ 4 倍；②对负荷有波动、蒸发器组数较多、容易积油蒸发器的下进上出供液系统，采用 5 ~ 6 倍；③上进下出的供液系统，采用 7 ~ 8 倍；④制冷剂泵进液口处压力应有不小于 0.5m 制冷剂液柱。

（续表）

序号	技术环节	参照参数
2	氨专用压力表	高压侧不低于1.5级，低压侧低于2.5级
3	安全阀泄压管	安装泄压管出口应高于周围50m内最高建筑物的屋脊5m
4	紧急泄氨器	紧急情况操作时，水与氨的重量比至少应为17：1
5	系统管道	符合GB8163的要求，应根据管内的最低工作温度选用钢号；管道的设计压力应采用2.5MPa（表压）

附表16　氨压缩机、冷凝器冷却水水质要求表

设备名称	碳酸盐硬度（mg－N/L）	pH值	浑浊度（mg/L）
氨压缩机等制冷设备	5～7	6.5～6.8	50
立式壳管式冷凝器、喷淋式冷凝器	6～10	6.5～6.8	150
卧式壳管式冷凝器、蒸发式冷凝器	5～7	6.5～6.8	50

附表17　常用制冷剂的特性参考表

制冷工质		氨	R22	R134a	R410A	R407C	R404A
化学式分子量		NH_3	$CHCLF_2$	CH_2FCF_3	二元混合制冷剂	三元非共沸制冷剂	三元混合制冷剂
		17.00	86.50	102.03	72.58	86.2	97.6
沸点（℃）		－33.40	－40.80	－26.1	－51.6	－43.4～－36.1	－46.8
冻结点（℃）		－77.70	－160.00	－103	－155	—	—
临界温度（℃）		132.40	96.20	101.1	72.5	86.74	72.1
液体（30℃、25℃）	密度（kg/L）	30℃，0.60	30℃，1.18	25℃ 1.21	30℃ 1.038	25℃ 1.136	25℃ 1.045
	比热（kJ/kg·C）	—	—	25℃ 1.51	30℃ 1.78	—	25℃ 1.54

（续表）

制冷工质		氨	R22	R134a	R410A	R407C	R404A
-15℃蒸发温度，30℃冷凝温度	蒸发压力（MPa）	0.24	0.30	0.16	0.48	0.2587	0.37
	冷凝压力（MPa）	1.17	1.20	0.77	1.89	1.36	1.43
对水的溶解性		极易	几乎不溶	是R22的20倍，对系统的干燥度要求更高	几乎不溶	几乎不溶	几乎不溶
对油的溶解性		与矿物基润滑油和PAO润滑油不溶解	适溶3GS，4GS或5GS等矿物油	与聚酯类油兼溶，不溶于矿物油和烷基苯油	与聚酯类油兼溶，不溶于矿物油和烷基苯油	能溶解于聚酯类合成润滑油	与聚酯类油兼溶，不溶于矿物油和烷基苯油
对金属的腐蚀性		腐蚀铜及铜合金	纯工质对金属无腐蚀	对锌有轻微腐蚀	纯工质对金属无腐蚀	纯工质对金属无腐蚀	纯工质对金属无腐蚀
可燃性		有	无	无	无	无	无
破坏臭氧潜能值（ODP）		0	0.034	0	0	0	0
全球变暖潜能值（GWP/yr）		0	1 700	1 300	2 100	1 700	3 800
单位容积制冷量（蒸发温度-15℃，节流阀前温度30℃）/kJ/m^3		2 060.2	1 986.72	1 163.34	—	1 705.14	—
制冷剂类型		中温制冷剂	中低温制冷剂	中低温制冷剂	中低温近共沸混合制冷剂	混合非共沸中低温制冷剂	混合非共沸中低温制冷剂
我国主要应用场合		大中型冷库	中小型冷库、空调	空调	家用和商用空调	家用、商用空调	中小型冷库、空调

附表 18　制冷压缩机的几个基本性能参数与定义

序号	性能参数	单位	定义
1	输气量	kg/或 m^3/h	单位时间内由吸气端输送到排气端的气体质量或容积
2	标准工况制冷量	kW	在规定工况下（如果工质为 R22，蒸发温度 -15℃，吸气温度 15℃，冷凝温度 30℃，过冷温度 25℃），制冷压缩机的制冷量
3	轴功率	kW	由原动机传到压缩机主轴上的功率称为轴功率，它的一部分即指示功率直接用于完成压缩机的工作循环，另一部分，即摩擦功率用于克服压缩机中各运动部件的摩擦阻力和驱动附属的设备
4	电功率	kW	输入电动机的功率就是压缩机所消耗的电功率
5	性能系数（COP）		制冷压缩机的制冷量与所消耗功率之比

附表 19　全封闭涡旋式制冷压缩机名义工况

（根据全封闭涡旋式制冷压缩机　GB/T 18429—2001）

类型	吸气饱和（蒸发）温度（℃）	排气饱和（冷凝）温度（℃）	吸气温度（℃）	液体温度（℃）	环境温度（℃）
高温型	7.2	54.4	18.3	46.1	35
中温型	-6.7	48.9	4.4	48.9	35
低温型	-31.7	40.6	4.4	40.6	35
高温型使用范围	蒸发温度 -23.3～12.5℃，冷凝温度 27～60℃，压缩比≤6				
中温型使用范围	蒸发温度 -23.3～0℃，冷凝温度 27～60℃				
低温型使用范围	蒸发温度 -40～12.5℃，冷凝温度 27～60℃				

附表 20　冷库单位产品耗电量限定值（根据上海市地方标准冷库单位产品耗电量限定值及能源效率等级 DB31/T 595—2012）

序号	项目	产品名称	耗电量单位	限额
1	冷却	冷却肉 家禽 蔬菜	kW·h/t	≤80 ≤60 ≤100
2	冻结	猪、牛 羊 水产品 果蔬	kW·h/t	白条≤130，小包装≤400（其中冷却用电 60） 白条≤120，小包装≤560（其中冷却用电 60） 盘冻≤130，小包装≤190 果蔬≤200
3	冷藏	冻结物冷藏 冷却物冷藏	kW·h/d·t	大中型≤0.4 大中型≤0.6
4	机冰	制冰 贮冰	kW·h/t kW·h/d·t	≤56 ≤0.3

附表 21　冷库用保温材料防火等级要求

防火等级定义	防火等级（级）			
	A（拒燃材料）	B 级		
		B1（难燃）	B2（可燃）	B3（易燃）
A 级是无燃点具有保温效果的材料；B1 级是难燃保温材料； B2 级是可燃保温材料也称为阻燃材料，多为有机保温材料，添加适量的阻燃剂。	玻化微珠、闭孔膨胀珍珠岩、岩棉、矿棉、玻璃棉、酚醛板、水泥基或石膏基无机保温砂浆、轻质砌块自保温体系	冷库用保温材料防火等级必须≥B2		

附表 22 B1 级防火聚氨酯保温板应满足的判定条件

(根据《建筑材料及制品燃烧性能分级 GB 8624—2012》)

燃烧性能等级		试验方法	分级依据
B1	B	GBT2084	燃烧增长速率指数≤120W/s；火焰横向蔓延未达到试样横向边缘；600s 的总放热量≤7.5MJ
		GBT8626 点火时间 30s	60s 内焰尖高度≤150mm 60s 内无燃烧滴落物引燃滤纸现象
	C	GBT2084	燃烧增长速率指数≤250W/s；火焰横向蔓延未达到试样横向边缘；600s 的总放热量≤15MJ
		GBT8626 点火时间 30s	60s 内焰尖高度≤150mm 60s 内无燃烧滴落物引燃滤纸现象

注：对于墙面保温泡沫碎料，除了上述规定外，还应满足：B1 级氧指数值≥30

附表 23 制冷系统常用拉制铜管规格和理论重量表

外径（mm）	壁厚（mm）	理论重量（kg/m）	外径（mm）	壁厚（mm）	理论重量（kg/m）
6	1.0	0.14	6	1.5	0.189
8	1.0	0.196	8	1.5	0.273
10	1.0	0.252	10	1.5	0.356
12	1.0	0.307	12	1.5	0.440
16	1.0	0.419	16	1.5	0.608
16	2.0	0.782	18	1.0	0.475
18	1.5	0.692	18	2.0	0.894

附表 24　制冷系统常用无缝钢管规格和理论重量表

外径（mm）	壁厚（mm）	理论重量（kg/m）	外径（mm）	壁厚（mm）	理论重量（kg/m）
		冷扎管			
10	2	0.395	14	2	0.592
18	2	0.789	22	2	0.986
25	2	1.13	32	2.2	1.62
38	2.2	1.94	45	2.2	2.32
		热扎管			
32	2.5	1.82	38	2.5	2.19
45	2.5	2.62	57	3.5	4.62
70	3.5	5.74	76	3.5	6.26
89	3.5	7.38	108	4.0	10.26
133	4.0	12.73	159	4.5	17.15
219	6.0	31.52	273	7.0	45.92

附表 25　氨制冷管道隔热层厚度参照表（mm）

管道外径（mm）	$t_2=30℃$								$t_2=+15$							
	$t_1=-10℃$		$t_1=-15℃$		$t_1=-33℃$		$t_1=-40℃$		$t_1=-10℃$		$t_1=-15℃$		$t_1=-33℃$		$t_1=-40℃$	
	k = 0.04	k = 0.06	k = 0.04	k = 0.06	k = 0.04	k = 0.06	k = 0.04	k = 0.06	k = 0.04	k = 0.06	k = 0.04	k = 0.06	k = 0.04	k = 0.06	k = 0.04	k = 0.06
22	50	70	55	75	75	100	80	105	30	45	35	50	50	65	55	75
32	55	75	60	80	80	105	85	115	35	45	40	50	55	75	60	85
38	60	80	65	85	85	110	90	120	35	45	40	55	60	80	65	85
57	65	85	70	85	90	120	100	135	35	50	45	60	65	85	70	95
76	65	90	75	100	95	130	105	140	40	55	45	60	65	90	75	100
89	70	95	75	105	100	135	110	145	40	55	45	65	70	95	75	105
108	70	100	80	110	105	140	110	155	40	55	50	65	70	100	80	110

（续表）

管道外径（mm）	$t_2=30℃$								$t_2=+15$							
	$t_1=-10℃$		$t_1=-15℃$		$t_1=-33℃$		$t_1=-40℃$		$t_1=-10℃$		$t_1=-15℃$		$t_1=-33℃$		$t_1=-40℃$	
	k=0.04	k=0.06	k=0.04	k=0.06	k=0.04	k=0.06	k=0.04	k=0.06	k=0.04	k=0.06	k=0.04	k=0.06	k=0.04	k=0.06	k=0.04	k=0.06
133	75	100	80	115	105	145	115	160	45	60	50	70	75	100	85	115
159	75	105	85	120	110	155	120	165	45	60	50	70	75	105	85	120
219	80	110	80	125	120	165	130	180	45	65	55	75	80	110	90	125

注：1. 该表根据 $\alpha=6$ $\varphi=85\%$ 计算；

2. t_1 为管道内制冷剂温度，t_2 为管道周围空气温度

附表 26　不同质量浓度的乙二醇基本特性表

使用温度（℃）	载冷剂	质量浓度（%）	起始凝固温度（℃）	密度（kg/m^3）	动力黏度 kPa·s
0	乙二醇水溶液	16	−7	1 020	2.84
−5	同上	23.6	−13	1 030	5.10
−10	同上	31.2	−17	1 040	6.67
−15	同上	40	−22	1 070	11.7
−20	同上	45	−27.5	1 080	19.0
−25	同上	50	−33.8	1 088	30.5
−30	同上	53	−37.9	1 100	50.5
−35	同上	57	−44	1 103	83.5

附表 27　常用制冷剂几种温度下饱和热力性质表（绝对压力/MPa）

温度（℃）		制冷剂			
库温	蒸发温度	氨	R22	R410A	R407C
8	0	0.4294	0.4980	0.7030	0.4520
0	−8	0.3152	0.3805	0.5175	0.3386

（续表）

温度（℃）		制冷剂			
库温	蒸发温度	氨	R22	R410A	R407C
0	-10	0.2908	0.3548	0.4767	0.3140
-5	-14	0.2464	0.3073	0.4013	0.2691
-18	-28	0.1315	0.1781	0.1950	0.1498

注：库温只作为对应蒸发温度下的参考值，以8～10℃的温差估计

附表28　压力损失与采用外平衡热力膨胀阀关系

制冷剂 蒸发温度（℃）	R134a	R22	R404A
	压力损失（bar）	压力损失（bar）	压力损失（bar）
10	0.20	0.25	0.30
0	0.15	0.20	0.25
-10	0.10	0.15	0.2
-20	0.07	0.10	0.15
-30	0.05	0.07	0.10
-40	0.03	0.05	0.07
-50	—	0.03	0.05
-60	—	0.05	0.04

附表29　不同果蔬适宜的预冷方式

压差预冷	真空预冷	冷水预冷
几乎所有园艺产品 （果实体积大的如冬瓜、西瓜等预冷效果较差）	菜花、生菜、芹菜、食用菌、草莓、甜玉米、芦笋、大葱四季豆、菠菜、菜心、蓝莓等叶菜和小果类 （为防止失水影响鲜度，可在预冷前适当喷淋水）	荔枝、油桃、甜玉米、李子、胡萝卜、萝卜、樱桃等 （预冷结束后应吹干表面浮水）

附表 30　气调对部分果蔬贮藏效果的分类

极好	好	较好	轻微或无
苹果、西洋梨 香蕉、猕猴桃、草莓、杨梅、蒜薹、多数食用菌	甜樱桃、李子、柠檬、番茄、鳄梨、厚皮甜瓜、芹菜、菠菜	桃、杏、柿子、柑橘、青椒、菠萝、冬枣	马铃薯、葡萄

附表 31　主要果品贮藏条件参照表

种类	贮藏温度（品温℃）	相对湿度（%）	参考贮藏期（月或天）	气调效果
苹果	-1~0	90~95	7（富士苹果）	极好
梨	-1~0	90~95	3~7	通常不气调
山楂	-1~0	90~95	6（歪把红）	好
枇杷	2~4	90~95	2~2.5	好
南丰橘	6	85~90		通常不气调
锦橙	6~7	90~95	6	同上
纽荷尔脐橙	7~8	90~95	4	同上
椪柑	5~6	85~90	3~4	同上
温州蜜柑	5~6	80~85	3~4	同上
西柚	12~13	80~85		同上
沙田柚	6~8	80~85		同上
尤力克柠檬	12~14	85~90	6~7	同上
葡萄	-1~0	90~95	5~6（巨峰）	通常不气调
猕猴桃	-0.5-0.5	90~95	6（海沃德）；4~5（秦美）	极好
蓝莓	0~ -0.5	90~95	1.5~2	极好
桃	-0.5~0.5	90~95	1.5~2（大久保、绿化9号）	好
李子	-1~0	90~95	2（安哥诺）	好
樱桃	-0.5~0.5	90~95	1.5~2（砂豆蜜、红艳）	极好

（续表）

种类	贮藏温度（品温℃）	相对湿度（%）	参考贮藏期（月或天）	气调效果
杨梅	0～1	90～95	20～25天	好
香蕉（色度2号蕉）	13～14	90～95	商业性贮藏一般不超过1个月	极好
菠萝(绿熟果)	10～13	85～90	25天	有一定效果
荔枝	1～3	90～95	30天（黑叶、桂味）	有一定效果
龙眼（东壁）	2	90～95	30天	好
龙眼（石峡）	4	90～95	35～45天	好
芒果（绿熟）	13	85～90		好
火龙果	5～6	90～95	30天	有一定效果
山竹	12～14	95～98	10～15天	有一定效果
莲雾	11～13	90～95	7～10天	有一定效果
番荔枝（8成以下成熟度）	18～20	90～95	10天	好
冬枣	-2.5～-2	90～95	2.5～-3	有一定效果
柿子	-1～0	90～95	2.5～3	好
石榴	5～7	90	2.5～3	有一定效果

注：1. 上述参考贮藏期是针对目前我国果品生产质量、贮藏及管理条件、大众接受的贮后质量和生产性贮藏实践而初步总结；

2. 一些果品的贮藏参数，因研究报道较少未列出，需要在实践中进一步总结完善

附表32　主要蔬菜贮藏条件参照表

种类	贮藏温度（品温℃）	相对湿度（%）	参考贮藏期（月或天）	气调效果
大白菜	-0.5～0.5	85～90	3～4	通常不气调
甘蓝	-0.5～0.5	90～95	3～4	通常不气调
生菜	-0.5～0.5	95～98		通常不气调

（续表）

种类	贮藏温度（品温 ℃）	相对湿度（%）	参考贮藏期（月或天）	气调效果
花椰菜	-0.5～0.5	90～95	2～2.5	好
绿菜花	-0.2～0.5	95～100	1.5～2	好
菠菜	-2～0	95～98	2～2.5	好
香菜	-1.5～0	95～98	2～2.5	好
芹菜	-1～0	95～98	1～1.5	好
韭菜	-0.5～0.5	90～95	7～10 天	
番茄（顶红期）	11～12	85～90	1.5～2	极好
青椒（甜椒）	8～9	90～95	1.5～2	通常不气调
茄子	10～12	85～90	25～35 天	通常不气调
黄瓜	11～12	95～98	30 天	好
冬瓜	12～15	70～75	4～5	
南瓜	10～13	70～75	4～5	
苦瓜	12～13	90～95		
菜豆	8～9	90～95	25～30	
荷兰豆、甜豆	0～1	95～98	25～30	
青毛豆荚	4.5～5.5	95～98	1.5～2	好
茭白	0～1	95～98	1.5～2	好
莴苣	0～1	90～95	25～35 天	
洋葱	-0.5～0.5	70～75	5～6	
大蒜	-3～-2	75～80	7～9	
马铃薯	3～5	80～85	3～5	
山药（铁棍山药）	1～2	90～95	3～4	
生姜	13～14	90～95	5～6	
莲藕	5～8	90～95		
竹笋（春笋）	0～1	95～98	25～30 天	

（续表）

种类	贮藏温度（品温 ℃）	相对湿度（%）	参考贮藏期（月或天）	气调效果
芦笋	0.5～1.5	90～95	30～35 天	好
胡萝卜、萝卜	-0.5～0.5	95	4～5	好
甘薯	12～14	80～85	2.5～3	
蒜薹	-0.7～0	90～95	7～9	极好
甜玉米	-0.5～0.5	95～98	30 天	好
白灵菇	-0.5～0.5	95～98	1～1.5	好
杏鲍菇	-0.5～0.5	90～95	1～1.5	好

注：1. 上述参考贮藏期是针对目前我国蔬菜生产质量、贮藏及管理条件、大众接受的贮后质量和生产性贮藏实践而初步总结；

2. 许多蔬菜的气调贮藏效果，因研究报道较少未列出，需要在实践中进一步总结完善

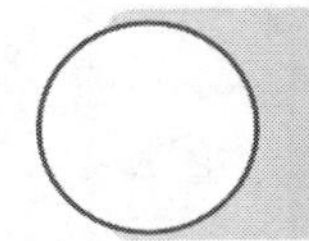

参考文献

杜子峥，谢静. 2014. 冷库节能减排研究进展 [J]. 食品与机械 (1)：253 -258.

高丽朴. 1995. 结球白菜强制通风贮藏新技术 [J]. 中国蔬菜 (21)：28 -30.

郭庆堂. 1993. 实用制冷工程设计手册 [M]. 北京：中国建筑工业出版社.

韩海军，段鹏飞，李红英. 2015. 阻燃型喷涂硬质聚氨酯泡沫技术及其在建筑屋面中的应用 [J]. 中国建筑防水 (23)：31 -35.

郝利平. 2008. 园艺产品贮藏加工学 [M]. 北京：中国农业出版社.

郝玉影，吴兆林，王维，等. 2009. 电加热融霜在冷风机融霜过程的优化 [J]. 低温与超导 (7)：40 -43.

贺俊杰. 2012. 制冷技术设计 [M]. 北京：机械工业出版社.

胡继孙，何亚峰，张秀平，等. 2016. 涡旋式制冷压缩机应用和技术现状及发展趋势 [J]. 制冷与空调 (4)：1 -7.

李敏. 2015. 我国高铁冷藏箱运输可行性分析 [J]. 物流

技术（2）：86－87.
鲁墨森，刘晓辉，李庆，等. 2010. 冷库制冷设施视听监测技术研究［J］. 落叶果树（1）：32－34.
吕盛坪，吕恩利，陆华中，等. 2013. 果蔬预冷技术研究现状与发展趋势［J］. 广东农业科学（8）：101－103.
刘群生，陈宇慧，马越峰. 2016. 制冷并联机组压缩机油平衡的方案设计［J］. 低温与超导（8）：87－91.
祁寿椿，刘联生，杨天池. 1982. 土窑洞加机械制冷贮藏水果的研究［J］. 中国果树（2）：23－25.
申江，刘兴华，王晓东. 2009. 夹套冰温库内流场的数值模拟［J］. 制冷技术（10）：49－57.
施弘，钟华亮. 2012. 喷涂硬泡聚氨酯在建筑节能中的应用［J］. 上海建材（3）：18－20.
谈向东. 2015. 冷库建筑［M］. 北京：中国轻工业出版社.
王文生，杨少桧，闫师杰. 2016. 我国果蔬冷链发展现状与节能降耗的主要途径［J］. 保鲜与加工（2）：1－5.
王文生，陈存坤，于晋泽，等. 2014. 果蔬采后预冷若干问题浅析［J］. 中国果菜（12）：1－4.
王文生. 2016. 水果贮运保鲜实用操作技术［M］. 北京：中国农业科学技术出版社.
王斌，李晓虎，杨小灿. 2014. 大型冷库建设发展趋势：第九届全国食品冷藏链大会暨第六届全国冷冻冷藏产业创新发展年会资料集［C］. 143－149.

徐庆磊. 国家标准《冷库设计规范》GB50072 修订工作简介：第七届全国食品冷链论文集 [C]. 27 –29.

于先修，张元详. 1990. 浅谈硬质聚氨酯泡沫塑料的火灾危险性及防火措施 [J]. 消防科技 (1)：32 –34.

燕刚，李文军，闫桂忠，等. 2013. 微型节能冷库贮藏红地球葡萄技术 [J]. 北方果树 (4)：22 –24.

闫师杰，董吉林. 2016. 制冷技术与食品冷冻冷藏设施设计 [M]. 北京：中国轻工业出版社.

杨瑞丽，邸倩倩，刘斌，等. 2012. 冰温贮藏库构造关键技术 [J]. 制冷技术 (4)：5 –7.

郑爱平. 2008. 果蔬冷藏保鲜的四个重要环节：第六届全国食品冷藏链大会论文集 [C]. 74 –79.

张琳，宋鹏. 2010. 冷链物流中“最后一公里”配送 [J]. 物流工程与管理 (6) 112 –115.

赵金龙，关俊. 2009. 果蔬冰温保鲜冷库的设计要点 [J]. 制冷空调与电力机械 (6)：40 –43.

赵建云. 2016. 微型保鲜节能冷库的建造及使用 [J]. 农业开发与装备 (4)：104.

张朝晖，陈敬良，高钰，等. 2015. 制冷空调行业制冷剂替代进程解析 [J]. 制冷与空调 (1)：1 –8.

张道辉，李震三. 1992. 果品冷藏节能系统的研制 [J]. 山东农业科学 (5)：19 –22.

张道辉，赵红军，周广芳，等. 2010. 农产品贮藏设施温控仪表温度漂移控制方法 [J]. 农业机械学报 (7)：

108 – 111.

张建一，秘文涛. 2007. 氨制冷装置用蒸发式冷凝器的实际能耗研究［J］. 制冷学报（5）：36 – 39.

制冷设备空气分离设备安装工程施工及验收规范：GB50274—2010［S］. 北京：中国标准出版社.

冷库设计规范：GB50072—2010［S］. 北京：中国标准出版社.

制冷剂编号方法和安全性分类：GB/T 7778—2008.［S］. 北京：中国标准出版社.

气调冷藏库设计规范：SBJ16—2009.［S］. 北京：中国标准出版社.

冷库安全规程：GB28009—2011.［S］. 北京：中国标准出版社.

冷冻机油：GB/T16630—2012.［S］. 北京：中国标准出版社.